本书受国家水利重大公益专项资金资助，项目编号：201201080

黄河破冰排凌减灾关键技术研究

主 编 孟闻远

副主编 李永忠 郭颍奎 许冠超 唐志强

中国水利水电出版社
www.waterpub.com.cn
·北京·

内 容 提 要

本书从黄河凌灾防御治理理念、方式方法、技术手段等方面作了充分的分析研究；对适用于不同冰盖、冰凌、冰坝形态和区域特点的聚能随进爆破技术以及专用破冰器材作了详细分析；通过进行冰体在各种影响因素下的力学实验，得到强度等物理参数，给出冰应力、应变特性及冰的力学本构模型，建立科学合理的爆破分析理论。

本书可作为工程研究、设计人员的参考书，也可作为高校教师、博士生、硕士生、本科生的教学参考资料。

图书在版编目（CIP）数据

黄河破冰排凌减灾关键技术研究 / 孟闻远主编. --北京 ：中国水利水电出版社，2018.12（2024.1重印）
ISBN 978-7-5170-7296-6

Ⅰ. ①黄… Ⅱ. ①孟… Ⅲ. ①黄河—破冰—研究②黄河—防凌—研究 Ⅳ. ①TV875

中国版本图书馆 CIP 数据核字(2018)第 290655 号

责任编辑：陈 洁　　　封面设计：王 伟

书　　名	**黄河破冰排凌减灾关键技术研究** HUANGHE POBING PAILING JIANZAI GUANJIAN JISHU YANJIU
作　　者	主　编　孟闻远 副主编　李永忠　郭颖奎　许冠超　唐志强
出版发行	中国水利水电出版社 （北京市海淀区玉渊潭南路 1 号 D 座 100038） 网址：www. waterpub. com. cn E-mail：mchannel@263. net（万水） sales@waterpub. com. cn 电话：(010) 68367658（营销中心）、82562819（万水）
经　　售	全国各地新华书店和相关出版物销售网点
排　　版	北京万水电子信息有限公司
印　　刷	三河市元兴印务有限公司
规　　格	170mm×240mm　16 开本　13.5 印张　140 千字
版　　次	2019 年 4 月第 1 版　2024 年 1 月第 2 次印刷
印　　数	0001-3000 册
定　　价	58.00 元

前 言

由于受气候、水流、地形、河道形态等多种因素的影响，黄河的凌汛灾害发生具有明显的随机性和难以预见性，更由于大自然力量的难以抗拒性，所以，自古黄河就有“凌汛决口，河官无罪”之说。历史上，在宁夏、内蒙、河南、山东等地的河段常有冰凌严重堵塞河道，冰水漫溢堤岸，形成冰凌洪水。解放后，凌灾频发以及防治的困难，凌灾仍然给所在沿岸人民的生产、生活带来很大影响，严重地造成了生命财产的巨大损害。对此，治黄人怀着对国家与人民负责的使命感，付出了艰辛的劳动，采取各种工程与非工程措施予以防治，比如强固堤防、泄闸分洪、水库调度、爆破防凌等。这些措施在一定程度上防御了凌汛灾害。尤其是调用空军投航弹、调运炮兵发射炮弹爆破防凌措施，在许多关键时刻产生了很好的防治作用。毫无疑问，爆破防凌技术对如此广域内的黄河凌灾防治仍然是主流而且是比较有效的办法。但飞机投航弹及大炮发射炮弹爆破防凌终归不是专业的防凌爆破器材装备。在操作过程中局限性在所难免。一方面调用部队要启用军队指挥机制暂且不说，同时，因易于生成冰塞、冰坝引起凌灾河段，往往是河段狭窄，过水建筑物布置之处，这些河段不便进行军事爆破，而且航弹及炮弹爆炸均是在触及冰体后在冰面即行爆炸，靠爆炸反冲部分能量破冰，使得能量利用率低，耗费大。另一方面，高爆弹片飞杀以及炮弹在坚硬的冰面上弹跳，会殃及堤防、山坡及沿岸生命财产安全。这些不利因素的存在，就必须对这一自然灾害防治难题，开展创新型研究。

本书基于对凌灾形成机理合理分析及尽可能科学预测、预警基础上，采取民防调用防凌机制以及非军队装备防治技术的研究思路，研制出民用的、易于操作的，安全、便携、高效、低耗的防凌专用器材及技术，即聚能随进爆破凌灾防治技术，以期达到凌灾防治“快、准、狠”的目标效果。聚能随进爆破技术在军事装备技术方面已应用众多，但在民用方面少之又少，所以，本书是贯彻党中央倡导的“军民融合战略”的具体探索与实践。通过这一探索性实践，逐步推动凌灾防治，实现从“被动防御”向“主动防御”、从“传统技术”向“现代技术”、从“军队技术与机制”向“军民融合技术与机制”的理念转变。本书对黄河凌灾防治背景、凌灾防治技术发展进行了总结；针对冰体力学性能进行了“三轴受力”测试；对冰体本构关系进行了研究；对冰、水介质分析模型、理论及数值模拟技术进行了大量的探索；在工程兵科研三所同仁的努力下，研制了聚能随进爆破器材，并将爆破器材付诸现场实验取得了理想效果。同时还对聚能随进爆破对提防、过水建筑物的影响进行了详细分析。这些探索与实践是这一领域的破冰之作，但由于受多种因素的局限，纰漏之处难免，冀大方之家指正，是为序。

在此特别感谢周丰峻院士对本团队的大力支持与悉心指导！诚挚感谢工程兵科研三所、黄河水利委员会等相关单位有关专家、领导的大力支持与帮助！

作　者

2018 年 11 月

目　录

1 绪 论

1.1 研究背景

1.1.1 黄河冰凌灾害的频发性和随机性，致使防灾任务艰巨

黄河全长5464km，起源于青海，途经九个省区，直至山东入海，其河流长度和流域面积仅次于长江。黄河流域东西跨越23个经度，南北相隔10个纬度，地形和地貌相差悬殊。黄河流经的地区冬季气温差别很大，其西部低于东部，北部低于南部。年极端最低气温，上游为-25℃~-53℃，中游为-20℃~-40℃，下游为-15℃~-23℃。由于纬度的差异，致使每年封、开河时间有所差别。当低纬度未封冻河段的河水流向高纬度封冻河段时，受下游冰封影响，极易出现凌汛灾害，形成了其特有的频发性特征，其灾害以难以防治而著称。

凌汛洪水灾害按其成因，可分为冰塞洪水、冰坝洪水和融冰洪水，不同成因的凌汛洪水特点有所不同。冰塞洪水一般发生在河流封冻期，其位置常出现在水面比降由陡变缓的河段。由冰塞洪水引起的水位变化过程一般是缓慢的，持续时间较

长；冰坝洪水主要发生在开河期，低纬度河段后封先开，主要表现为：流量不大水位高，凌峰流量沿下游行程递增，冰坝上游水位上涨幅度大、涨速快；融冰洪水是因热力作用冰盖逐渐溶解，河槽蓄水下泄而形成的洪水，融冰洪水水势平稳，凌峰流量较小。三类凌汛洪水，以冰塞、冰坝洪水危害为甚。凌汛的发生、发展是一个非常复杂的演变过程，其影响因素很多，突发性强，抢险难度大，致使冰凌灾害具有明显的随机性特点。故有"秋汛好抢，凌汛难防"之说。

由于受气温、气流、地形、河道形态等多种因素的影响，黄河的凌汛灾害发生具有明显的随机性和不可预见性。在宁夏、内蒙古、山西和河南等河段，由于特定的地理位置和河道边界条件的影响，每年冬春时期冰凌常常严重堵塞河道，冰水漫溢堤岸，形成冰凌洪水，产生的灾害有时更甚于夏季黄河洪水。

冰凌灾害堵塞公路和建筑物的示例如图 1-1 至图 1-6 所示。壶口瀑布冰凌情况如图 1-7 所示。

图 1-1　冰凌灾害堵塞公路

图 1-2　冰凌灾害堵塞建筑物

图 1-3　冰凌危及跨河建筑物

图 1-4　冰凌危及河滩农田和河道过流

图 1-5　流凌移动形成冰塞

图 1-6　冰凌灾害堵塞河道和公路

图 1-7　壶口瀑布冰凌情况

由于黄河冰凌灾害频发，又难以防治和预报，致使冰凌洪水灾害给黄河下游沿岸的城乡居民生活和春耕工作带来巨大的困难，严重的冰凌灾害还会对国家的经济发展和人民的生活安定带来灾难性影响。

1.1.2 随着全球气候变化异常，黄河凌汛防灾形势日趋严峻

史料文献表明，第一次明确记载的黄河凌汛决口发生在西汉。《汉书·文帝纪》中有“十二年（公元前168年）冬十二月，河决东郡（今河南濮阳市以东一带）”。此后，一直到清咸丰五年（公元1855年）的两千多年中，有明确记载的凌汛决溢仅有十多次，且主要发生在山东、河南境内。1855—1955年的100年中，据《黄河防洪志》统计，发生凌汛决溢的年份有29年，决口近百处，平均每3年半就有1年发生凌汛决溢灾害，山东、内蒙古、河南等成为凌汛灾害的重灾区。

黄河凌灾，也是威胁黄河下游河道安全的主要灾害。据历史资料记载，仅1883—1936年的54年间，黄河下游山东境内就有21年发生凌汛决口，口门多达40余处，平均每5年就有两次决口，给下游人民的生命财产安全带来极大危害。

中华人民共和国成立初期，由于黄河连年凌情严重，加之防凌技术落后，方案不够完善，造成多次凌汛岸堤决口，给沿岸广大人民群众造成了巨大损失。1951年和1955年凌汛期在利津前左、王庄等处冰凌插塞，形成冰坝，水位猛涨，导致该县王庄和五庄发生漏洞决口。经过几十年的艰苦奋斗，治黄人积累了许多经验和办法，对黄河凌灾的防治作出了巨大贡献。

但由于黄河凌灾形成的自然性、复杂性、多变性，使得凌灾防治的思路与技术仍局限在有限的水平，凌灾危害依然严重。2001 年内蒙古乌海市乌达区乌兰水头段发生凌汛重灾，防洪堤决口，受灾区域为 1 镇、1 乡，面积约 $50km^2$，灾害损失达 1.3 亿元人民币；2008 年 3 月 20 日，黄河内蒙古杭锦旗独贵塔拉奎素堤段决口，溃堤共造成杭锦旗独贵塔拉镇和杭锦淖尔乡 11 个村、1 个镇区被洪水冲淹，水淹面积达 $106km^2$，受灾群众 3885 户、10241 人。

据黄河防总发布的防凌信息，黄河封河受气温影响较大，气温越低，封河速度越快。2017 年 1 月 3 日 10 时，黄河上游宁夏石嘴山河段流凌密度 5% ~15%；中游河曲河段流凌密度 10% ~40%，小北干流全段流凌，流凌密度 10% ~30%，流凌河段总长约 1000km。黄河共封冻 6 段，累计封河 439km，其中，内蒙古河段封河 404km，万家寨库区封冻 59km，龙口库区封冻 16km，天桥库区封冻 19km。2018 年 1 月 3 号下午 4 点，黄河内蒙古段累计封河 590 多 km。黄河在封河期，如果出现流凌堆积，容易造成卡冰结坝现象，进而抬高水位，使河水和冰凌冲出河槽形成凌汛。随着全球气候变化异常和沿河两岸经济建设发展，黄河流域受凌汛灾害影响将会越来越严重。因此，开展以积极防灾为主导思想，变传统减灾模式为主动防灾的针对性的工程技术研究成为迫在眉睫的重要任务。

1.1.3 传统的防凌减灾模式和技术措施存在明显的局限性

黄河凌汛演变过程十分复杂，而且变化非常迅速，凌汛灾害也难以预测，难以防御，难以抢护。为了防治冰凌灾害的发生，在长期的凌汛防治过程中，对冰凌、冰塞、冰盖和冰坝等的产生，人们总结出了一系列减灾模式和防凌措施，但存在着明显的局限性。现有措施主要有工程措施防凌、爆破防凌和机械防凌等。

1.1.3.1 工程措施

传统的工程措施主要包括修筑堤防工程、分水分凌工程、水库防凌工程等。

(1) 修筑堤防工程防凌。修筑堤防工程防凌是黄河宁蒙河段凌汛防御的主要措施，发挥着不可替代的重要作用。但是，黄河宁蒙河段青铜峡以下除石嘴山峡谷外，均为冲击性平原河道，绵延近1000km，修防难度大。龙羊峡、刘家峡等大型水库修建后，水量实行统一调度，水量分配时空分布发生了根本性的变化，下泄流量得到控制，足以冲刷河床的流量难以出现，输沙失去平衡，河床逐年淤积抬高，中小水漫滩的河段比比皆是，使堤防工程防御灾害的风险增加。另外，沿河两岸广大百姓在防洪堤内，围垦造田，修筑了大量的生产堤，河道过流能力降低，同样增加了凌汛灾害发生的风险。同时，于河道长而沿途境况复杂，水位上涨时，险工、险段、涵口、引水口仍存在很大灾患。因此，就修筑堤防工程而言，虽然做了大量的工作，但仅靠堤防工程防御凌汛灾害发生远远不够。

(2) 沿黄两岸涵闸分水防凌。利用沿黄两岸涵闸分水，减少河槽蓄水量来减轻凌洪威胁，在“文开河”时可起到重要的作用。但对于“武开河”，由于开河速度加快，封冻期间所蓄槽蓄水量迅速下泄，分凌效率较低。如2008年3月中旬，三湖河口水文站水位接连刷新该站建站以来最高水位，至20日2时30分达到1021.22m，相应流量1640m^3/s，较往年历史最高水位1020.81m高出了0.41m。该站附近滩地漫滩进水，严重威胁着两岸百姓的生命财产安全。

（3）水库调度防凌。水库调度防凌是通过调节水量，改变下游河道水力条件，形成正常的顺次开河形势，从而避免凌灾发生。黄河龙羊峡、刘家峡主要承担宁蒙河段的防凌任务，三门峡、小浪底主要承担下游段防凌任务。防凌调度运用方式是根据凌汛期气象、来水情况及冰情特点，按照发电、引水服从防凌的原则，实行全程调节，具体调度实施方案如下。

1）流凌封河期，按下游封河安全流量控泄，尽量使河槽推迟封冻或封冻冰盖下保持较大的过流能力。由于在此期间容易发生几封几开现象，所以，水库控制泄流量不宜太小也不宜太大，既要防止小流量封河时过流能力减少或后期来水量大产生几封几开、层冰层水的现象，也要防止大流量封河产生冰塞灾害。

2）稳定封冻期水库下泄流量保持平稳，或缓慢减小，确保流量过程的平稳下泄，避免流量急剧变化，造成下游河道提前开河及槽蓄水量大幅增加。

3）开河期加强控制泄流，减少槽蓄水增量，以期形成“文开河”局面。黄河宁夏、内蒙古河段封开河情势是封河为自下而上，开河为自上而下。当河段上游开河时，槽蓄水增量大量释放，同时伴随着凌峰出现。凌峰的出现加快了开河的速度，凌峰也会沿程递增、滚动加大以致造成冰凌的严重堆积，堵塞河道，抬高水位。

但是，由于黄河的冰凌形成受多种要素影响，承担防凌水量控制的水库与封冻河段距离较远，水量控制不当又会加剧冰凌的成灾速度，水库存量也是制约调节流量的重要因素。所以，采取水量的调度和控制在某种意义上只能起到辅助排凌的作用。

1.1.3.2 非工程措施防凌

主要采取监测、组织机构协调、信息传递、人员疏散等办法，一定意义上只能降低灾情，减少损失。

1.1.3.3 爆破防凌

为了防治冰凌灾害的发生，经过长期的发展和完善，对冰凌、冰塞、冰排和冰坝等实施爆破已成为一种疏通河道的有效抢险方法，并在多年的实际排凌减灾中不断地显示出其独特的优越性。

在黄河凌汛期，传统的爆炸破冰技术一般有以下几种。

（1）人工小规模爆破排凌。封河和开河凌汛期，在跨河的工程建筑物（如铁路桥和公路桥）周围，为阻止桥墩周围结冰，经常组织人工小规模施爆，以防止建筑物周围冰盖的形成。这种方法的缺点是耗时长、工效低且安全性差。人工爆破防凌作业如图 1-8、图 1-9 所示。

图 1-8　人工爆破防凌（1）

图 1-9　人工爆破防凌（2）

（2）空中投弹爆破排凌。出现卡冰结坝时，求助于空军飞机投弹轰炸冰坝成为冰坝爆破的主要手段之一，在防凌抢险中起到了积极作用。飞机投弹爆破冰凌作业如图 1-10、图 1-11 所示。

但是，空投炸弹爆破冰坝存在以下缺点：首先，从军用角度方面，炸弹本身是以触及引信引爆，使弹片飞射和爆轰冲击作为杀伤摧毁目标的，不是用于破冰的，对于冰凌介质不宜于用金属爆片轰炸。军用炸弹用于破冰排凌，爆轰力及弹片大多

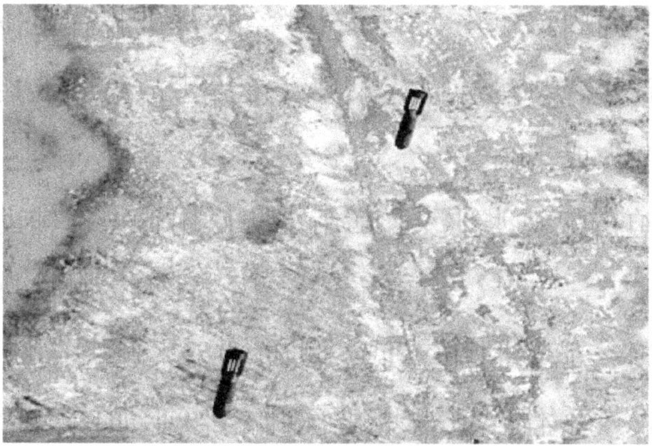

图 1-10 飞机投弹爆破冰凌（1）

图 1-11 飞机投弹爆破冰凌（2）

向上凌空辐射，效率低、危险，且对破冰施力不科学。其次，飞机投弹破冰过程中，航弹爆炸产生的高速弹片严重威胁着周边环境及附近水利电力设施的安全。重磅炸弹将严重损坏河床，改变河道，给爆后的清理和善后工作造成极大的麻烦。在河道狭窄、拐弯以及在水工建筑物附近等冰坝极易形成之处，均很难实施准确的空中投弹作业。最后，空中投弹破冰排凌，只能在卡冰结坝后进行，而不能在凌坝形成初期阶段实施爆破，属于被动防御，而且这种方法常常受到风向等气候条件、昼夜时间和地面地形条件的限制。这样一旦抢险不及时，就很容易在短时间内造成水灾。另外，空投爆破投弹范围宽，并且会有飞散破片威胁建筑物及人身安全等事故发生；启用空军投弹程序复杂，成本高。

（3）迫击炮破冰排凌。利用军队使用迫击炮辅助破冰也是传统的破冰方法之一，但由于药量小，且为接触性爆炸，爆炸时弹片飞射，能量利用率低，机动性差，哑弹、跳弹危险性大，往往收效不佳。迫击炮破冰排凌作业如图 1-12、图 1-13 所示。

图 1-12　迫击炮破冰排凌（1）

图 1-13　迫击炮破冰排凌（2）

（4）冰面可控爆破排凌。通过在黄河两岸河堤上使用迫击炮发射重磅高能破冰弹，进入冰层以下一定深度延时起爆可以起到较好的效果。但这种爆破技术属于军事爆破手段，由于弹体不具有穿冰能力，耗能较大，且弹身尾翼处应力较大；同时，装药量大且是一个定值，在灵活性、高效性和安全性等方面不具有现代冰凌灾害主动防御技术的特点。

在国外及其他地区还有机械破冰船防凌、热力法、化学法、人工防凌等，此处不再赘述。

1.1.4 破冰理论与方法

在爆破防凌理论与方法的研究方面，沿用了建筑物爆破方法和理论，采用传统的断裂力学的分析方法。在分析中，其力学模型是在一个点上研究裂纹的发育，给出径向及环向裂纹的发育扩展状况。在理论研究中，采用了水体不可压缩的基本假设，认为径向及环向裂纹的发育扩展是在冰层平面内开展，其结果在冰层平面内消耗了巨大能量，因而在弹体分析中，使破冰弹弹体尾部应力集中问题十分严重。

综上所述，黄河的冰凌灾害是影响沿岸广大人民群众生命财产安全和地方经济健康发展的重大灾害之一，它的形成和发生具有频发性和随机性的特点。传统的冰凌防灾技术的综合应用在以往的黄河冰凌抗灾减灾中发挥了重要作用，也取得了显著的效果，但均不具备主动防御的特点，并且在灵活性、安全性等方面存在明显的不足和局限性。就爆破技术而言，采用飞机投弹破冰排凌，炸弹本身的飞射弹片经常会严重威胁周边环境及附近人员和水利电力设施的安全，重磅炸弹又会严重损坏河床，改变河道，且飞机高空投弹又缺乏高效、准确性，属于无控爆破，给其善后工作造成极大的麻烦，且启用军队机制，启动时期长，调动军队飞机，机动性受到程序、备战期、气象及昼夜时间约束。使用迫击炮辅以破冰，由于药量小，且为接触性爆炸，能量利用率低，收效不佳；人工局部爆破工效低、安全性差；尽管以上措施有“主动”的意愿与相应的工程措施，实质上仍是被动防御。因为，直接致灾的因素是冰塞、冰坝，而冰塞、冰坝往往不可避免，主动防御要体现在“防止冰塞、冰坝的形成”，将其消灭在萌芽状态。若一旦形成，就要快速、机动、安全、有效地解除掉，这才是真正意义上的“主动防御”。也就是说，“主动防御”要体现在：在预测、预警基础上，不等冰塞冰坝形成，实施“快、准、狠”的防御，而不是出现灾情时再防。

在理论研究方面，依据传统的爆破理论与方法，采用断裂力学的方法，在一个点上研究裂纹径向及环向扩展情况，实现防灾破冰机理研究。然而在研究中采用了水体不可压缩的基本假设，水体视为刚体，忽视了水体可以发生波动变形，助力破冰的事实，导致理论模型的不合理，甚至错误。

所以，在总结以往理论和技术经验的基础上，深入开展黄河冰凌防治新技术的研究，探究黄河的冰凌灾害特点，以新的理论方法为指导，开发一系列有针对性的冰凌防灾减灾的技术措施和专用器材，研究科学有效的现代冰凌灾害预防的技术方案，具有其重要的现实意义和学术价值，本书采用的破冰理论和方法有以下创新点，见表 1-1。

表 1-1 破冰理论及技术方法创新点的比较

序号	项目	传统方法	新方法
1	破冰理论	断裂力学的平面劈裂模型	冰体受弯抗拉性能差，采用共振理论
2	基本假设	水作刚体，不可压缩	水可波动变形，使冰面发生波动变形
3	分析方法	爆炸点径向或环向断裂裂纹分析	利用冰体波动，使冰体与水体相互作用，产生共振动响应，大范围破冰
4	破冰方法	飞机、火炮轰炸	根据冰体共振特性，炸点阵列布置，达到规模化同步破冰
5	技术器材	炸弹轰炸	采用聚能射流开洞并装药，可达到定位、定时有效爆破
6	安全性	跳弹、炸弹飞片等安全隐患	无弹片炸药包、炸药袋，无杀伤力
7	环保性	对水下生态及环境工业、民用设施的破坏作用	可控在冰上、冰体内部小药量爆炸，对环境工业、民用设施的破坏作用较小
8	破冰对策	轰炸	采用聚能破冰器、火箭聚能破冰器进行施爆
9	防灾机制及经济效益	军队参与为主，调动机制约束较强；成本高	可军可民，安全易操作，机动灵活；成本低

1.2 冰凌问题的国内外研究现状

1.2.1 国外研究现状

北纬 30 度以北的河流都存在着凌灾的威胁，加拿大、美国、俄罗斯、北欧等国家和地区尤为严重。第二次世界大战后，加拿大、美国、日本和北欧等许多国家对冰体研究有了较大进展，内容主要是另寻凌汛预测、凌汛水位上升模型、凌汛室内试验、卫星遥感预报、冰力学分析、破冰措施等，尤其在江河冰情的观测和研究方面有了迅速的发展。为适应和推动这一新兴学科的发展，由国际水力研究协会发起，并在联合国教科文组织、国际水文科学协会、世界气象组织、国际冰川学会等单位的联合倡议下，创建了国际冰情问题委员会。该委员会于1970年在冰岛召开了第一届国际冰情学术讨论会，于1996年在中国召开第十三届国际冰情学术讨论会，并于2002年、2004年、2006年、2008年（第十九届）分别在新西兰的达尼丁、俄罗斯的彼得堡、日本的札幌、加拿大的温哥华召开。目前，很多学者在对冰情观测的基础上，正越来越多地运用物理模型或数值模型解决河冰破冰方案中遇到的难题，以降低凌汛对人类的交通、发电、饮水等造成的危害。

在冰凌模型研究方面，1981年Petyk建立了适用于稳定流的冰凌模型，但到1990年才出现不稳定流的冰凌模型；沈洪道根据河冰凌模型将不稳定流与封河过程结合在一起进行模拟，开拓了冰情数学模拟的研究工作。1991年，Ferrich成功地模拟了河冰解冻的情况；Beltaos做了冰坝情况的模拟；而Hammar和Shen则应用二维紊动模型，通过考虑热力增长、二次结晶和絮凝等因素对渠道中冰晶的演变过程进行了研究。

在本构模型研究方面，基于粘塑性本构模型，Flato和Hibler（1992）为研究极区海冰对全球气候的影响，提出了“空化流体”模型以增强海冰数值模拟的计算效率。Hunke等（1997）建立了弹粘塑性海冰本构模型，以提高短期海冰数值模拟中海冰内力的计算精度。Lu 等（1998）考虑冰体粘弹性变形行为，对 Hibler 的粘塑性本构模型进行了改进以研究冰塞的形成机理。基于极地海冰应力 - 应变的野外测量，Coon 和 Pritchard 运用莫尔 - 库仑屈服准则建立了弹塑性本构模型。Elizabeth C. Hunke（2001）强调了数值模拟中数值线性化的重要性，通过对海冰动力学的弹粘塑性和粘塑性模型进行比较，改进了弹粘塑性模型，从而使得冰的应力状态收敛于解析屈服曲线，最后从低冰集度和高冰集度两方面研究了弹粘塑性模型行为。

在冰力学研究方面，Randall 等（1998）指出，大气 - 海洋 - 冰耦合气候模型的继续发展连同日益强大的计算机，将使得冰的动力学模型日益精细。John P. Dempsey（2000）从地球物理、浮冰、结构方面讨论了冰力学以及它们间的各种联系。最后指出了冰力学的研究发展趋势。

另外，S. Nanthikesan 等（1995）对瞬时蠕变下多晶冰内的张拉裂缝进行了数值模拟。L. W. Morland、R. Staroszczyk（2009）对冰在简单切变和单轴受压下，由于冰晶旋转而发生的黏性增加进行了研究。Maria Rădoane、Valerian Ciaglic、Nicolae Rădoane（2010）研究了水力发电对罗马尼亚 Bistrita 河上游冰塞形成的影响。

在破冰措施方面主要有机械破冰、热力破冰、化学破冰、人工破冰，其中机械破冰技术先进，这主要是其他的河道条件与黄河相差较大，黄河河道更为复杂多变，不利于机械操作。

1.2.2 国内研究现状

中华人民共和国成立以来，人民和政府针对凌汛灾害，主要采取了“防”“蓄”“分”“排”等多种有效而有力的措施，得到了大量的防凌经验，积极应对，取得了许多成就，为保护人民的生命财产安全做作了巨大贡献。虽经过多年的不懈努力，黄河防凌工程抗洪能力不断增强，调度经验日趋成熟，但黄河防凌难于预测、难于防守、难于抢险、突发性强的基本特征没有改变，影响凌情变化的热力、水力及河道边界条件等因素仍然十分复杂。防凌工作既面临经济社会发展对防凌减灾工作提出的高要求，也面临一些新情况、新问题，既有共性的问题，也存在不同河段的特殊性。

由于黄河其特定的地理位置、纬度差引起的气候差异、热力、水力作用及河道流势边界条件曲折多变，极其复杂，导致黄河凌汛灾害并没有得到彻底的根治，冰凌灾害仍时有发生。2008 年 3 月 20 日内蒙古杭锦旗独贵塔拉镇素奎段决口，造成杭锦旗独贵塔拉镇和杭锦淖尔乡 11 个乡村、1 个镇区，106km^2，3885 户家庭，10241 人受灾，直接经济损失达 6.9 亿元，损失十分惨重。如今，随着全球极端气候频发，防凌形势日趋严峻。黑河、渤海湾、黄海近岸河流流域，凌灾的势态越来越严重，与黄河凌灾又有不同。这就要求我们提出新的冰凌灾害防治措施，以便全面地、有针对性地应对凌灾。

传统的冰凌防灾技术为主动防御，以工程措施及爆破技术为主导，采取“上控、下泄、中分”的策略，具有一定的的防御作用；对于冰塞、冰坝的处理，启用军队机制，以飞机、大炮应急破冰，人民解放军和武警部队是防凌抢险的主力军，在历年防凌抢险中发挥了重要作用。这些措施的发挥一定程度避免或减少了致灾程度。

由于凌灾的频发性、突发性、随机性，凌灾防御机制的建立是必要的。传统的冰凌防灾技术，周期相对较长，机动灵活性较差，成本较高，安全性差，就决定了在应对冰塞、冰坝的情况下存在着局限性。

局限性在于：①在冰凌灾害机理上，对冰凌形成规律认识有限；②在爆破技术上，所采用的破冰形式能量大部分耗散，破冰区域较小，碎冰粒径无法控制，安全性较差；③在防灾工作上，部队机制机动性不强，人力、物力工作耗费时间；④在破冰器材上，所用方式耗费资源，效率较低；⑤从安全性上，军用炸弹威力较大，沿岸河堤和河流中的桥墩等设施易受影响；⑥成本上费用高；⑦在冰凌对堤坝、桥梁等河流上结构物的致灾机理和风险分析理论等方面的研究尚不够深入，不能合理评价致灾程度并选择合理的防治时机与处理方案；⑧目前没有系统的理论研究，有的破冰分析理论把冰爆破看作在冰平面内施力破坏，水体看作不可压缩的刚体，分析模型及分析思路错误，不能科学有效地指导防凌爆破。另外，如果把传统的黄河冰凌防灾技术应用到黑龙江黑河地区将会引起国际边界纠纷。同时，在技术上将会遇到破除厚冰的技术与理论问题。显然，对于渤海湾、黄海近岸等地区的防凌问题，还要从生态平衡、环境保护的角度提出更加严格的爆破要求。

我国从20世纪80年代开始冰问题的研究，并取得了一定的成果。大理理工大学李志军教授等在海冰的力学性能、形成机理等方面做了大量工作。孙秋华对冰的力学性能及其与结构物相互作用力问题进行了研究。在渤海海冰动力学模拟研究中，季顺迎等人（2002）建立了黏弹塑性本构模型，在一定程度上为海冰动力学研究提供了依据。

天津大学的宋安等认为，由于冰问题的复杂性，确定冰荷载的可靠方法应该是：理论（包括公式计算）的方法与室内模型试验或现场观测密切结合。他们通过对冰模拟实验以及低温冷冻模型冰特性的论述和水工结构物冰荷载模拟实验实例，阐述了冰模拟实验技术对水工建筑物冰问题研究的必要性和适用性。到目前为止，相继在大连理工大学、天津大学建立了冰力学实验室，还装备了大比例模型试验的冰容器和冰池，并已投入运行，为今后冰力学性能室内试验及模型试验创造了条件，将有力推动我国在河冰特性领域研究的发展。

近年来，国内河冰数值模拟亦取得了长足的进展。如杨开林等根据冰塞形成发展的机理提出了冰塞形成的发展方程；吴剑疆等对敞露河段内水内冰花的体积分数以及水温的沿程分布进行了模拟研究，所得规律与理论分析相符；茅泽育等针对天然河道弯曲复杂的特点，建立了适体坐标下的二维河冰数值模型，经实地验证取得较好的效果等。国内基于神经网络对河流冰情研究也取得了可喜的成果，如陈守煌等、王涛等、王军等，另外李亚伟等尝试了SVR方法。

到目前为止，相关水利部门积极开展了冰情的野外观测，通过数据采集和分析，大大提高了我国基层单位对冰凌灾害的防治水平，为更好减轻冰凌灾害作出了贡献。多年来，在新疆、宁夏、内蒙古、陕西、山西、河南、山东等冰凌灾害多发省份进行了大量的破冰实践，积累了很多宝贵经验和实用技术，并发表了很多科技论文和著作。

但总体上，国内外对冰体力学性能、计算理论以及防凌减灾技术措施等方面仍无太多成熟的成果可以依托。尤其是黄河凌灾问题，在凌灾形成机理、凌灾预警预报、冰体物理性能、数值模拟，特别是破冰器材等方面，仍然任重道远，只是一些一般表浅层面的成果，无法从根本上解决凌灾问题。所以本书在上述亟待解决的问题上展开研究。

1.3 研究的思路与目标

通过研发针对黄河凌汛特点的安全性高、系统性强、机动性好和可操作性强的破冰排凌新技术和新方案，从而改进传统的凌汛灾害防治模式，使其向高新技术防灾模式转变，最终达到确保黄河凌汛安全的目标。

（1）研制出适用于不同冰盖、冰凌、冰坝形态和区域特点的聚能随进爆破技术以及专用破冰器材，其中包括聚能随进破冰器、火箭聚能破冰器。

（2）建立科学合理的爆破分析理论，为不同条件下的爆破器材参数设计提供理论指导。

（3）进行冰体在各种影响因数下的力学实验，得到强度等物理参数，给出冰应力应变特性及冰的力学本构模型。

(4) 形成操作规程与爆破方案。

本书研究成果可服务于防凌减灾、除险减灾决策、应急处置、安全管理及相关法规与标准的制定。

1.4 研究的主要内容

本书的研究完成了以下几方面的工作。

1.4.1 理论研究

通过冰样力学参数实验，研究其静动态物理力学性能，为动力特性分析提供基础；通过力学分析，建立力学分析理论与计算方法，为不同条件下的爆破器材参数设计提供理论指导；冰凌洪水安全排放流固动力分析及堤防安全分析。

1.4.2 应用技术及器材研究

聚能随进破冰器：其用途将开辟冰盖，疏通主河道的过流通道。其操作方法是：确需破冰时，在人员在可以行走的冰盖上，根据破冰需要设计布设一组聚能随进破冰器，可以在主河槽开设冰渠，疏通河道的过流冰能力。该研究在冰塞冰坝形成之前，采取主动防御策略，疏通冰凌洪水通道，预防冰塞冰坝的形成及灾害的发生。

火箭聚能破冰器：火箭破冰器在岸上或运载平台上发射，能摧毁远距离的冰塞冰坝。该研究的目的在于冰塞冰坝形成之前，破除大块流凌，在形成冰塞冰坝之际，快速、机动、灵活地破除冰塞冰坝，疏通冰凌洪水，防止灾害的发生。

完成聚能随进破冰器、火箭聚能破冰器的现场试验，对实验结果和计算结果进行对比分析，研究出可靠的计算方法，模拟爆破效果，指导器材参数设计。模拟其他情况的破冰效果，指导器材设计。同时经过实验，提出进一步改进方案，形成操作规程与爆破方案。

1.4.3 形成实用操作规程

制定领导、组织、协同及生产、储存、应用技术规程。

1.5 小结

本章从黄河冰凌的特点、黄河防凌的严峻形势、传统防凌减灾的措施及其局限性三方面介绍了该研究提出的必要性，阐述了冰凌问题国内外研究现状，结合实际，介绍了本书研究的思路、目标和主要内容。

实际上，由于黄河河道走向的地理特殊性，使得黄河气候环境、河道水流边界都呈现与其他国内外河流的极大差异。黄河凌灾是国内外共同关注的难题。可以说，目前的黄河凌灾，国内外无现成的治理成果拿来借鉴。国内虽然针对黄河凌灾防御做出了巨大的努力，但无论是治理理念、方式方法、技术手段都无法从根本上解决黄河凌灾问题。思路与理念仍是依靠军队飞机与火炮轰炸的被动防御为主，技术手段，效能低、危险大、成本高，机制不灵活。所以，树立主动防御的新理念，用灵活的机制体制，借助效能高、安全性好、成本低的现代防御技术，把凌灾消弭在萌芽状态，是黄河凌灾防治的必然趋势。

2 研究的技术方案

2.1 相关任务及进度安排

（1）2012 年度（2012 年 2 ~ 12 月）：完成资料搜集与整理、编写完成工作大纲，进行典型问题调研、座谈；完成对河道冰层厚度、冰下水位、气温、水温等参数调研；完成聚能随进破冰器、火箭聚能破冰器的初步样品；基本完成实验研究工作。

（2）2013 年度（2013 年 1 ~ 12 月）：完成聚能随进破冰器、火箭聚能破冰器等器材初步现场试验，完成冰样力学参数实验研究工作；建立力学模型、提出分析理论与计算机模拟方法；对实验结果和计算结果进行对比分析；提出进一步改进方案。

（3）2014 年度（2014 年 1 ~ 12 月）：对分析理论与方法进行校正，指导并优化各类器材，对聚能随进破冰器、火箭破冰器等器材进行改进，进行器材验收试验，实现其预期破冰效果。根据相关试验的成果，编写完成项目研究报告初稿。进行专家咨询，并根据专家意见，完成对研究报告的修改，配合编写项目总报告及研究成果验收。

2.2 研究技术方案

通过现场调研和资料收集分析的方法，为建立黄河冰凌灾害的数据库积累资料；通过冰样力学实验，得出冰物理及力学性能参数；通过力学分析，建立力学分析理论及计算方法，为爆破器材参数设计提供理论指导；研发破冰专用器材，并参照实验数据和力学分析结果，不断修正参数、改进设计，研究科学高效的冰凌预防综合技术方案。

2.2.1 聚能随进破冰器现场试验技术方案

聚能随进破冰器，是集存储、运输、发射、破冰功能于一体的两级爆炸破冰结构，一级为聚能穿孔装置、二级为随进破冰装置。一级爆炸破冰结构具有引信起爆后形成高速动能弹丸对冰层进行穿孔的聚能穿孔装置；二级爆炸破冰结构具有在推进装置推力作用下沿一级聚能穿孔装置穿出的孔道进入冰层下的水中对冰层进行爆破的随进破冰装置。该器材的三大组成部分（聚能穿孔装置、随进破冰装置、推进装置）依序密封在连接筒内。第一部分（聚能穿孔装置）通过传爆装置与第二部分（随进破冰装置）相连，第二部分（随进破冰装置）尾端嵌入第三部分，即提供动力的推进装置。该器材的连接筒外中部设置支架如图 2-1 所示。

图 2-1 聚能随进破冰器

打开支架，拧开锁紧螺钉，将支架张开至极限位置，调节支腿长度，保证聚能随进破冰器平稳地竖直放置在冰面上，再拧紧锁紧螺钉；抽出保险销，解除第一道保险；将推进装置的点火插头插到遥控起爆器的点火线路上，人员随即撤离至安全距离，进行遥控起爆。推进装置点火具点火，点燃推进剂。推进装置达到一定推力时，剪断破冰爆炸装置的固定销，使其加速向冰面运动。当随进破冰爆炸装置运动至一定位置时，撞击聚能穿孔装置引信的撞击销，聚能穿孔装置引信解除第二道保险，并引爆聚能穿孔装置，对冰层进行穿孔，同时引爆传爆体，延时起爆体开始工作；随进破冰爆炸装置在推进装置推力的继续作用下沿冰层孔道，克服冰水的阻力，可运动至冰层以下约 1.5m 处，此时延时起爆体达到延期时间，引爆随进破冰爆炸装置，使主装药在水下爆炸，达到消除冰层内部应力或炸除冰塞、冰坝，疏通过流河道的目的。

用一组阵列式布置的破冰器的主装药同时爆炸，如图 2-2 所示。单列即可爆破出一条宽度为 3 ~ 12m 的破裂带，多列矩阵布置可开辟出大范围的破裂区域。

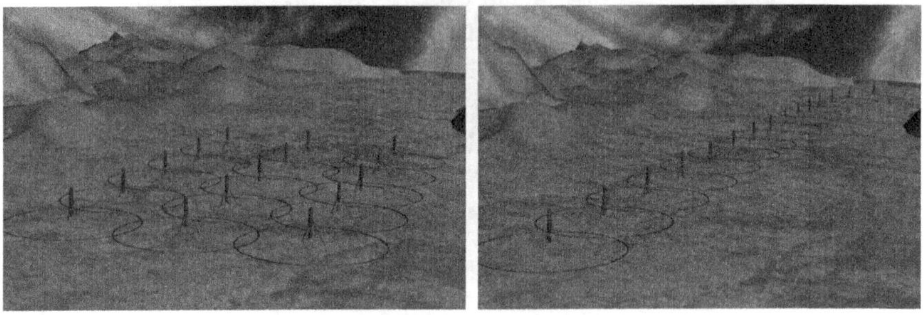

图 2-2　聚能随进破冰器破冰的布列形式示意

在选定的目标冰面上，布置聚能随进破冰器的单列组合，如图2-3 所示。

图 2-3　聚能随进破冰器的单列组合

2.2.2　火箭聚能破冰器现场试验技术方案

火箭聚能破冰器主要包括破冰弹、发射器和控制器三部分。第一部分破冰弹为两级爆炸破冰结构：一级为冰层进行穿孔结构；二级为对冰层进行爆破结构。第二部分发射器为分装式结构，由高低压发射装置和发射架组成。破冰弹密封在发射器内，破冰弹的尾端紧固连接在发射器的高低压发射装置上。高低压发射装置为储存、运输和发射一体式结构，固定在发射架上。第三部分控制器通过导线连接数个发射器，控制器控制数个发射器按时序发射破冰弹，使破冰弹在冰面形成线状炸点。

操作流程：打开包装箱，将发射器的高低压发射装置的尾座与发射架的底板铰接，打开调节支架的管箍，将高低压发射装置置于管箍上，锁紧螺栓，再将支脚张开。目测目标距离，根据目标距离调节发射器的射角，锁紧调节杆，对准目标。旋开发射器的高低压发射装置尾座上的密封螺盖，解除点火具的短路保险，将控制器引出的点火插头插入每个发射器尾座上的圆形插座中，通过控制器控制数个发射器按时序发射，使破冰弹在冰面形成线状炸点；发射时，点火具点燃发射药，产生的火药气体通过高压室的喷孔进入低压室，当低压室压力达到 2.5MPa 时，破冰弹从高压室前端的拉断槽处拉断，破冰弹运动至管口，依靠撞击力打开发射管管口的密封盖。在发射惯性力作用下引信解除第一道保险，破冰弹出发射管管口后尾翼在弹簧力作用下展开到位并锁定，继续运动至一段距离，在空气阻力作用下引信解除第二道保险，引信处于待发状态。当破冰弹飞至终点头部以较大的落角撞击冰层时，开关帽闭合，引信作用，引爆穿孔装药爆炸，产生一个速度约 2000 m/s 的高速金属弹丸，在冰层中穿出直径远大于随进破冰装置直径的孔洞，同时穿孔装药爆炸的爆轰波由传爆装置导爆索延期起爆装置的导爆管，导爆管低速爆轰点燃延期体，延期起爆装置开始延时。随进破冰装置在惯性作用下沿聚能穿孔装置在冰层中穿出的孔道中随进，运动至冰面以下，延期起爆装置延时结束，引爆破冰装药爆炸，达到破冰排凌的目的。

2.3 小结

本章重点介绍了课题研究的任务及进度安排，介绍了两种器材的基本构造、操作程序及工作原理，并给出了聚能随进破冰器和火箭聚能破冰器两种破冰器材的研究技术方案。

3 冰体力学试验及其力学模型

3.1 冰体力学性能试验研究

3.1.1 冰样单轴力学参数试验研究

通过单轴压缩试验和劈裂抗拉试验得到冰体分别在 -5℃、-15℃、-25℃、-30℃、-35℃ 、-40℃下和加载速率 0.05kN/s、0.1kN/s、0.3kN/s、0.5kN/s、0.8 kN/s 下的抗压强度、抗拉强度和弹性模量、并分析了温度和加载速率对抗压强度、抗拉强度和弹性模量的影响。该成果为消除冰凌灾害进行数值模拟分析提供了数据参考，便于冰体后续研究，为下一步冰下爆破工程实践提供合理化方案。

3.1.1.1 冰样制作

（1）所需工具及材料见表3-1。

表 3-1　冰样力学实验所需工具和材料

名称	数量	备注
水	200kg	
不锈钢管	若干	Φ50mm，高 100mm，圆柱状
塑料桶	若干	
超低温冰柜	1 台	低温至 -30℃
钢锯	若干	
直尺	若干	
泡沫膜	多量	
硅胶套	多量	
刨木刀片	若干	
其他		

（2）制作步骤。

1）在每根不锈钢管内壁涂上一层凡士林，以减小冰样与钢管之间的摩擦力。

2）把不锈钢管竖直放入塑料桶中，然后倒入黄河水，水面浸没不锈钢管，如图 3-1 所示。

图 3-1　塑料桶制冰

3）把塑料桶放到超低温冰柜里，设定温度后进行冷冻。

4）取样：从冰柜提出塑料桶，倒立塑料桶使整个冰体滑出。

5）击打冰体，使冰体破裂，取出不锈钢管，如图 3-2 所示。

图 3-2 冰样

6）用拇指按住不锈钢管一端，用力推出冰样，如图 3-3 所示。

图 3-3 冰样

7）观察所得的圆柱体冰样，用直尺量出长度为 110mm，且裂纹、气泡均较少的部分，并进行标号。

8）在标号处截断，通过测量、刨木刀片刨滑截得部分横截面，直至冰样高度为100mm，并称其质量，如图3-4所示。

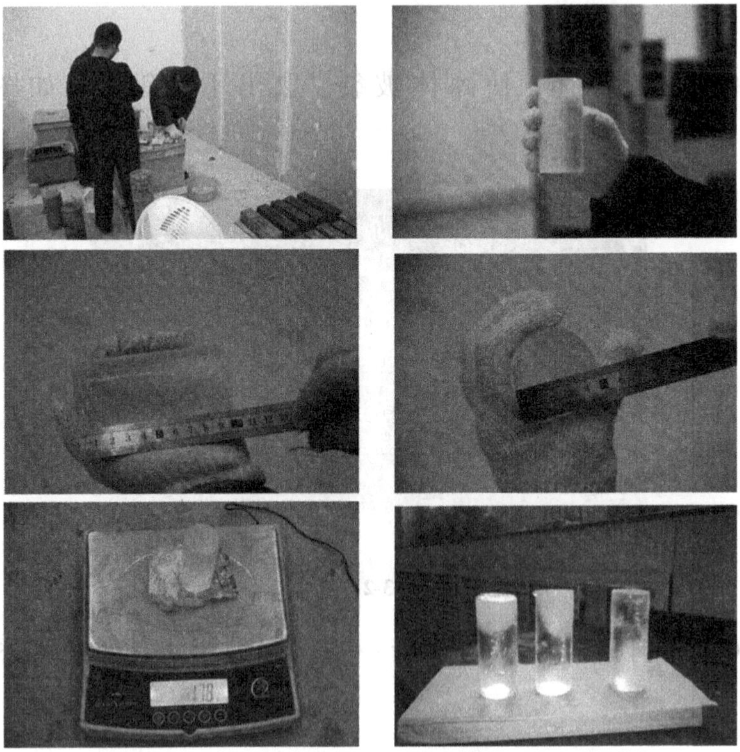

图3-4 冰样加工过程

3.1.1.2 试验过程

利用WAW系列微机控制电液伺服万能试验机进行匀速加载，先用冰块把材料试验机的上下压头降温约5min，在上下压头周围放置用塑料瓶装的冰块，降低冰试样与周围空气进行热交换。把冰体置于试验机上，准确调整试件的位置，使其轴心与上下压头的中心线对准。开动压力试验机，调节上压头，使其与冰柱上表面留有1mm，以防调节过快，压坏冰样。打开控制软件，调节加载速度，加载速度分为0.05kN/s、0.1kN/s、0.3kN/s、0.5kN/s、0.8kN/s，试验开始。试验机的上压头匀速下降，试样断裂时，试验自动完成，并自动保存试验数据。每组试验样品数为6个。在进行劈拉实验时，压条温度要在试样所需温度下冰冻10min。

图3-5　冰力学试验现场

实验的过程中，冰的应力-位移曲线多样，应选择较为规则的曲线进行研究。较规则的曲线特征为：①在弹性阶段具有明显的直线段；②脆性特性明显，在加载达到极限强度时，冰体直接破碎失效。以温度-15℃、加载速率0.1kN/s对单轴压缩过程进行分析说明，加载过程曲线如下图3-6所示。纵轴为冰样上表面应力大小，横轴为位移大小。在0-A时，仪器上探头没有接触冰试样上表面，冰样上表面应力为0MPa。从B点以后，冰样受到的应力逐渐增大，在C点时达到最大。在A-B阶段，曲线非直线，是因为冰体上表面不平整，与探头没有充分接触。在C点以后阶段，冰体受到的压力开始急速减小，此时冰样中的结构发生局部破坏或产生裂纹，冰样内部结构瞬间失效。当加载压力达到冰样承受的最大压力时，冰试样瞬间失效。在进行压缩弹性模量数据分析时，应选取位移 B-C 的阶段，B-C 阶段可近似为直线。冰试样的压缩失效强度选择应力最大点即极限强度。

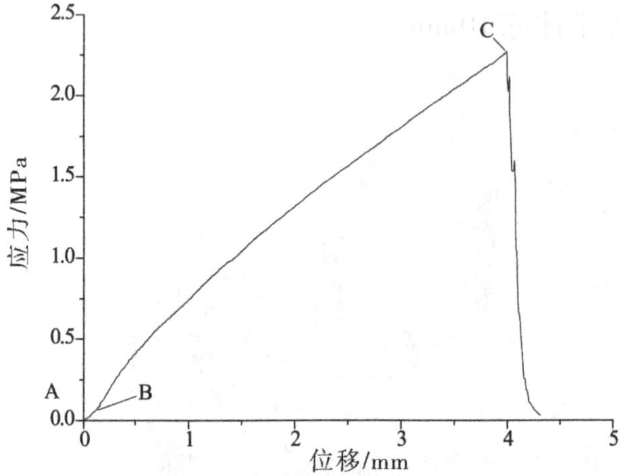

图 3-6 在温度 -15℃、加载速率 0.1kN/s 的情况下冰体试样应力 - 位移曲线

3.1.1.3 试验结果分析

（1）抗压强度。冰体的单轴压缩试验是冰力学研究主要内容之一。单轴试验为三轴试验打基础，积累试件制作的经验及实验操作经验，同时与已有的单轴试验结果进行比较。冰的抗压强度和压缩弹性模量是冰下水中爆炸研究的主要参数。这些参数的获得可为工程实践以及数值模拟提供数据参考。另外，冰的单轴无侧限压缩试验，力学概念清楚，是研究天然冰基本特性与冰力学性能的基本方法。冰体在力的作用下是从局部或内部开始产生裂缝，随着荷载的增加，裂缝继续延伸、扩张，直至最后冰体破碎，结构失效。

图 3-7　冰样压缩破坏效果

冰体受到的破坏贯穿始终，所以常用冰的强度来确定冰的最大抗力，一般并不考虑冰内部微观结构的破损，而是通过试验得到极限应力作为冰的单轴压缩强度。轴心抗压强度应按下式计算：

$$f_{cp} = \frac{F}{A} \tag{3-1}$$

式中，f_{cp} 为轴心抗压强度；F 为试件破坏的最大荷载；A 为试件的承压面积。

实验数据见表 3-2。

表 3-2　不同温度不同加载速率下的抗压强度

加载速率/	抗压强度/MPa					
(kN/s)	-5℃	-15℃	-25℃	-30℃	-35℃	-40℃
0.05	2.579108	2.694735	3.433121	3.943694	6.433835	6.555097
0.1	2.369851	2.900408	3.496773	4.482972	6.175028	6.828634
0.3	2.741571	2.916666	3.956546	4.594098	6.885019	7.035014
0.5	3.054459	3.156405	4.582420	4.934466	6.967552	7.115791
0.8	3.466808	4.066115	4.790323	5.977592	7.147136	7.421328

由图 3-8 知，在加载速率一定的条件下，在一定范围内抗压强度随着温度降低而增大；由图 3-9 知，应变速率对抗压强度的影响不太明显，在一定范围内抗压强度也随着加载速率的增加而增大。在上述温度、加载速率范围内，冰的抗压强度值在 2.3 ~ 7.4MPa。

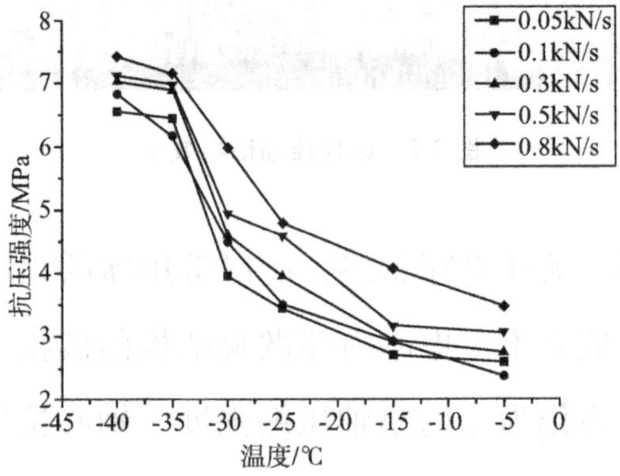

图 3-8　不同加载速率下抗压强度随温度变化曲线

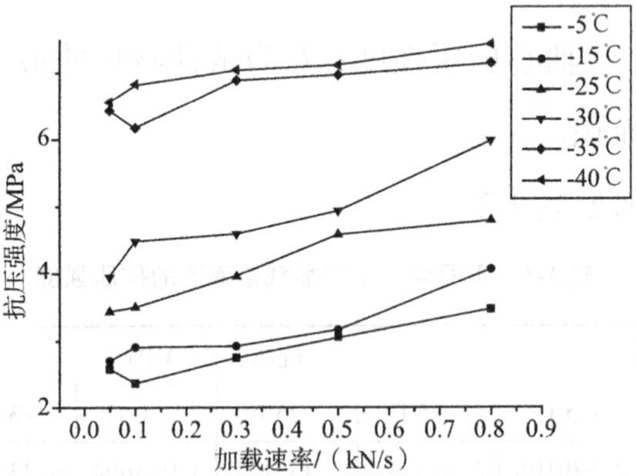

图 3-9　不同温度下抗压强度随加载速率的变化曲线

（2）劈裂抗拉强度。冰体的抗拉强度是其基本力学性能之一。目前对冰体抗拉强度的不同，按试件受力强度的研究，有多种实验测量方法。根据试件受力情况的不同，主要有以下三种：直接受拉试验法、劈裂试验法和弯折试验法。由于冰体抗拉强度的影响因素较多，因此至今还没有一种统一标准抗拉实验法和量测标准。轴心抗拉强度是通过棱柱体试件的直接受拉实验确定的，如图 3-10 所示，采用此法比较困难，因为轴心抗拉强度的测量对设备和实验技术有相当高的要求。在试件冻制的过程中，由于膨胀力的作用，冰体试样往往中间较四周凸起，裂纹较多且深入整个冰体内部；试件的冻制时间较长，一般为三天，不利于大量试件成型；试件的安装及受力均要求较高，中心稍有偏差就会引起偏拉破坏，影响试验结果。相比之下，用劈拉实验测量则简单易行。所以，目前工程上广泛地使用劈拉强度，并以此来推断冰体轴拉强度。试样效果如图 3-11 所示。

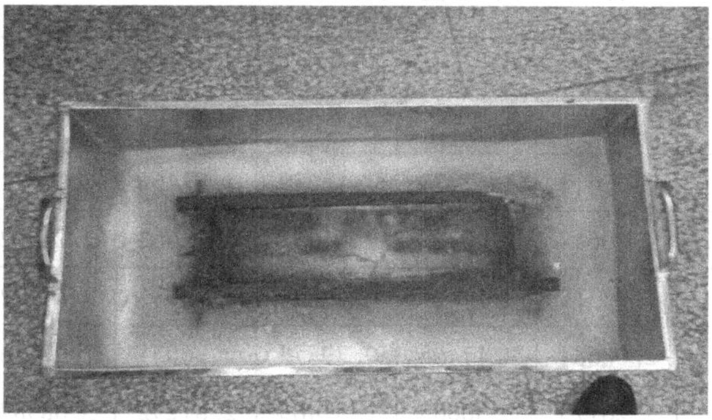

图 3-10　冰冻坏的轴心抗拉试样

图 3-11　冰样劈拉试验效果

劈拉强度试验数据见表 3-3。目前常用的圆柱体试件劈拉强度计算公式为：

$$f_t = \frac{2P}{\pi ld} \tag{3-2}$$

表 3-3　不同温度不同加载速率下的抗拉强度

加载速率/(kN/s)	抗拉强度/MPa					
	-5℃	-15℃	-25℃	-30℃	-35℃	-40℃
0.05	1.37613	1.42273	1.87239	1.97466	2.02711	2.24003
0.1	1.70644	2.00222	2.05955	2.13662	2.21362	2.32469
0.3	1.93312	2.12823	2.2206	2.73631	2.87172	3.00698
0.5	2.08684	2.17466	2.39875	2.76051	2.97276	3.23332
0.8	2.26773	2.36063	2.51463	2.81292	3.08387	3.58877

图 3-12 表明，在加载速率一定的条件下，冰体材料的抗拉强度随温度变化的降低而增大。图 3-13 表明，在温度一定的条件下，冰体材料的抗拉强度随加载速率的增加，抗拉强度在一

定范围内也逐渐增大。抗拉强度最大值 3. 58MPa 出现在温度 －40℃、加载速率 0. 8kN/s 的情况下，最小值 1. 37MPa 出现在温度 －5℃、加载速率 0. 05kN/s 的情况下。在上述温度、加载速率范围内，冰的抗拉强度值在 1. 3 ~ 3. 5MPa。表 3-2、表 3-3 中的数值进行比较，冰体单轴抗压强度大于劈拉强度，经过计算冰体的劈拉强度是抗压强度的 0. 4 ~ 0. 8 倍。

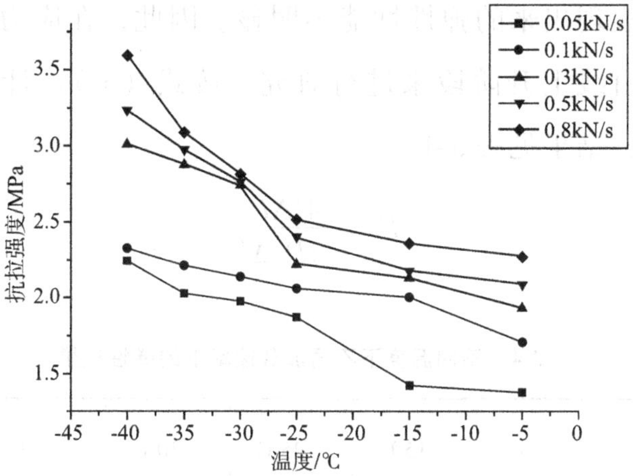

图 3-12 不同加载速率下抗拉强度随温度变化曲线

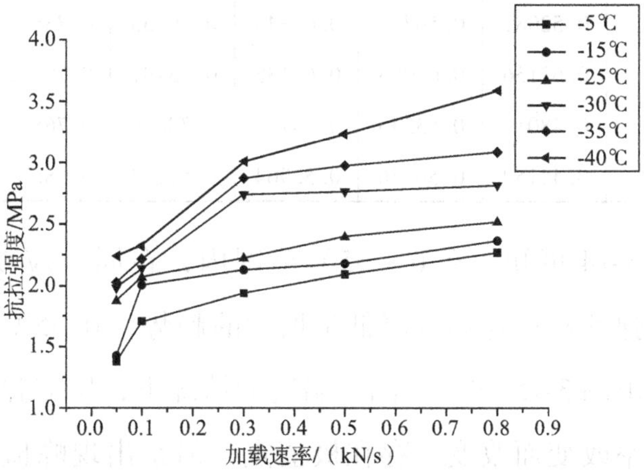

图 3-13 不同温度下抗拉强度随加载速率的变化曲线

（3）河冰弹性模量。河冰弹性模量是冰下水中爆炸仿真分析所需的基本参数之一。目前国内对河冰弹性模量的研究较少，对其规律认识尚不全面，为此根据冰体单轴压缩强度试验结果来推导弹性模量。在均匀加压冰体的初始阶段，由于试件在制作上存在误差或冰体上表面不够平滑，上压头与其不能充分接触，表现出来的弹性性能不明显。因此，在应力－应变曲线上选取直线上升阶段来进行研究。按式（3-3）计算压缩弹性模量值，结果见表3-4。

$$E = \frac{4l\Delta P}{\pi D^2 \Delta l} \tag{3-3}$$

表3-4　不同温度下不同加载速率下的弹性模量

加载速率/(kN/s)	－5℃	－15℃	－25℃	－30℃	－35℃	－40℃
0.05	0.46798	0.50746	0.53139	0.59881	0.64108	0.57085
0.1	0.52081	0.56746	0.65343	0.70353	0.73834	0.60434
0.3	0.62156	0.64093	0.69136	0.73191	0.79402	0.68232
0.5	0.48013	0.53545	0.59158	0.70499	0.76832	0.51301
0.8	0.44159	0.50756	0.52964	0.57243	0.68878	0.48733

从图3-14可知，在0～35℃范围内，在同一应变速率下，冰体压缩弹性模量随温度降低呈增大的趋势，在35℃左右达到最大值；由图3-15知，在同一温度的情况下，压缩弹性模量随着加载速率改变而改变，存在极值点，但是出现峰值时的加载速率不一样。在上述温度、加载速率范围内，冰的抗压强度值在0.4～0.8GPa。

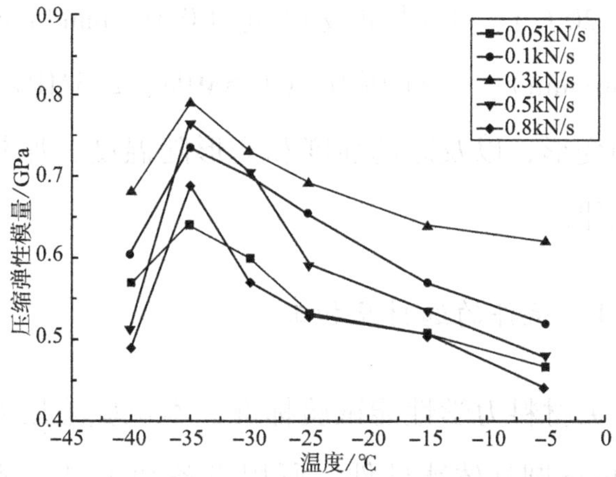

图 3-14 不同加载速率下弹性模量随温度变化曲线

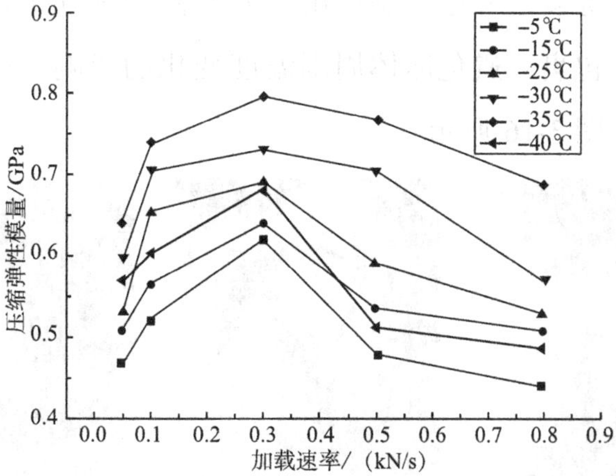

图 3-15 不同温度下弹性模量随加载速率的变化曲线

3.1.2 冰样三轴力学参数实验研究

为了准确测得冰的力学参数，在岩石三轴压缩试验的基础上，通过改进试验方法，控制试验条件，采用高低温三轴试验机进行冰的三轴压缩试验，测得了冰体在不同温度（－5℃、－10℃、－20℃）、不同加载速度（0.01 mm/min、0.1mm/min、2.0mm/min）、不同围压（1.5MPa、2.5MPa、3.5MPa）下的强度和变形，以及冰的强度和变形随温度、加载速度和围压的变化规律。

3.1.2.1 试件的选材及加工

参照有关材料力学性能试验标准，本试验采用人工制作的50mm×100mm圆柱体冰试件，所用设备和工具主要有低温冰柜、不锈钢管、塑料桶、切割机和钢锯等，经过冷冻、取样、切割和加工等多道程序，制作出试验所需的标准试件，并采用保温膜进行包裹，避免冰体周围温度变化的影响。试验所用材料及效果如图3-16所示

(a) 试验所用仪器 (b) 试验所用切割机 (c) 冰试样冷冻效果

图3-16 试验所用材料及最终效果

3.1.2.2 试验过程及试验条件

试验仪器采用微机伺服高低温三轴试验机，试验基本步骤

分为酒精降温、添加硅油、装样、加油（加围压）和数据保存，如图 3-17 至图 3-22 所示。压力室温度通过酒精降温来控制，实验前对压力室硅油进行冷冻，以降低压力室温度。

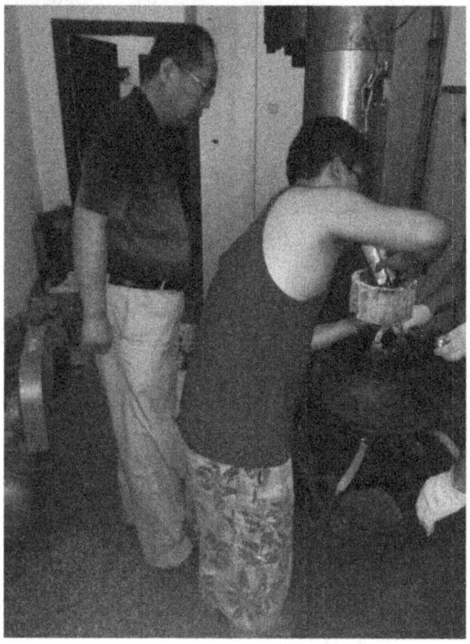

图 3-17　装样过程

图 3-18　试验人员讨论试验中遇到的问题

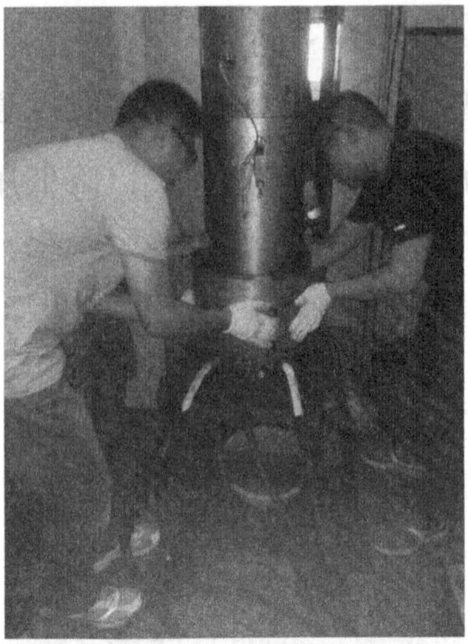

图 3-19　压力室安装（1）

图 3-20　压力室安装（2）

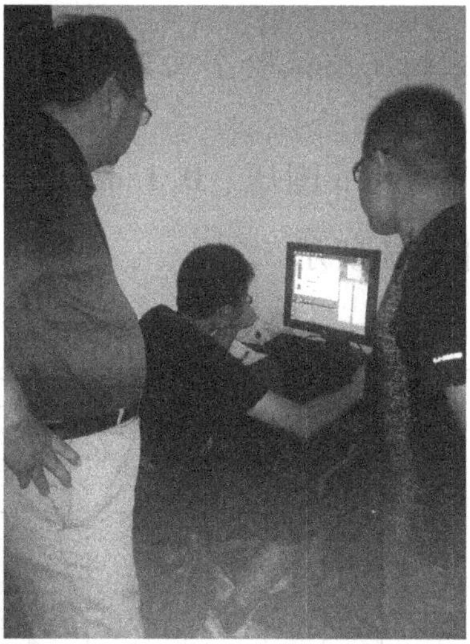

图 3-21 试验过程电脑操作

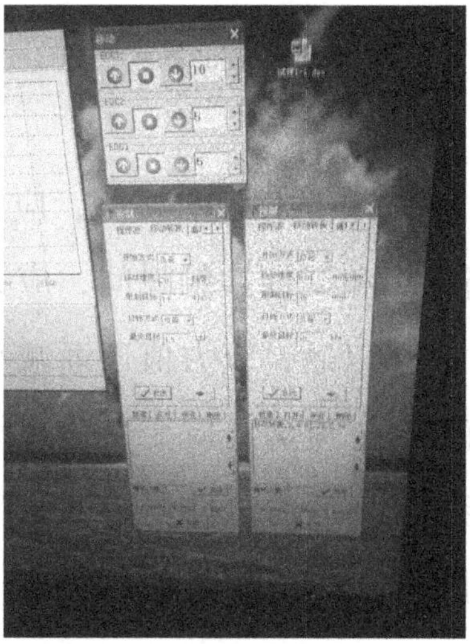

图 3-22 电脑控制界面

3.1.2.3　冰三轴压缩试验全曲线几何特点

选取 -10℃、1.5MPa 围压、0.1 mm/min 加载速度下的应力 - 应变曲线如图 3-23 所示。

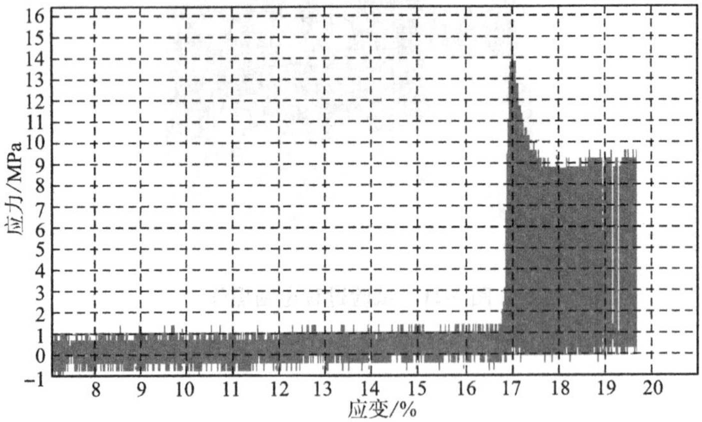

图 3-23　应力 - 应变曲线

在 310s 之前，压头和试件没有接触，应力没有变化，呈现一条水平直线，当压头和试件接触瞬间，应力值突然增加，直至达到峰值，试件破坏以后，应力值逐渐减小；应力 - 应变曲线图中，曲线峰值明显，应力、应变变化规律合理，体现出冰体材料的脆性性能，破坏后的试件周围凹凸不平，试件内部左右分层明显，左侧受压破坏，如图 3-24 所示。

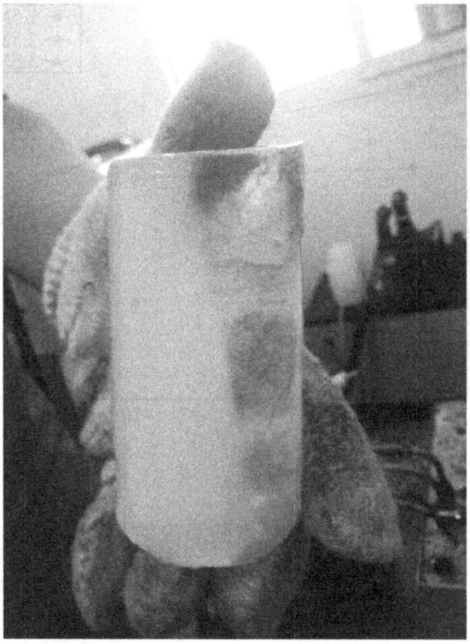

图 3-24 试件破坏后图示

3.1.2.4 试验数据分析

当加载速度为2mm/min，围压和温度变化时，抗压强度值见表3-5。

表 3-5 一定加载速度，不同围压和温度下抗压强度值

围压/MPa	抗压强度/MPa		
	-5℃	-10℃	-20℃
1.5	15.733	16.116	18.452
2.5	21.194	23.987	24.646
3.5	22.712	26.058	29.840

一定加载速度、一定围压下，抗压强度随温度的变化曲线如图3-25所示。

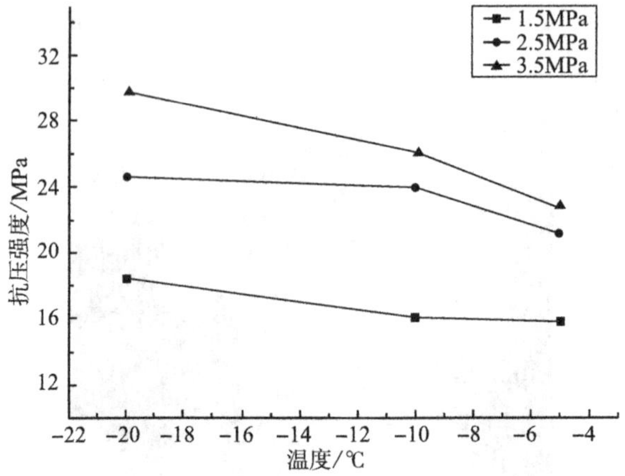

图 3-25　抗压强度随温度的变化曲线

一定加载速度、一定温度下，抗压强度随围压的变化曲线如图3-26 所示。

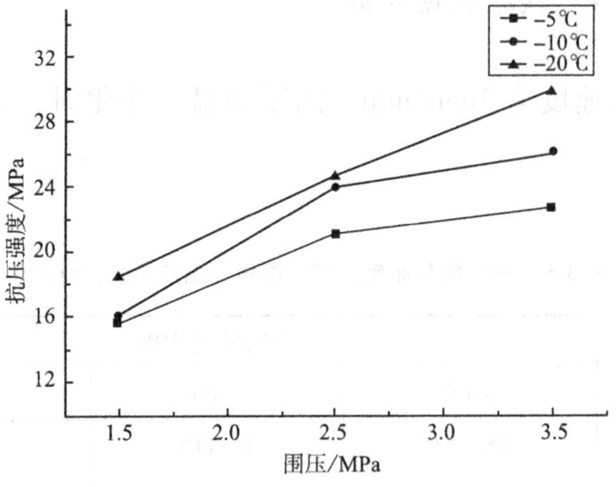

图 3-26　抗压强度随围压的变化曲线

由图 3-26 可知，当加载速度确定，一定围压下抗压强度随着温度的增加逐渐减小；当加载速度确定，一定温度下抗压强度随着围压的增加逐渐增大。

当加载速度为0. 1mm/min，围压和温度变化时，抗压强度值见表3-6。

表3-6 一定加载速度，不同围压和温度下抗压强度值

围压/（MPa）	抗压强度（MPa）		
	-5℃	-10℃	-20℃
1. 5	11. 835	13. 504	15. 877
2. 5	15. 930	18. 023	20. 531
3. 5	21. 514	23. 589	24. 426

一定加载速度、一定下，抗压强度随温度的变化曲线如图3-27所示。

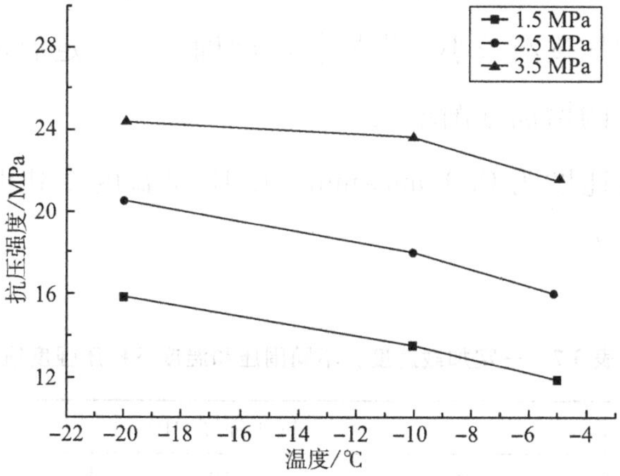

图3-27 抗压强度随温度的变化曲线

一定加载速度、一定温度下，抗压强度随围压的变化曲线如图3-28所示。

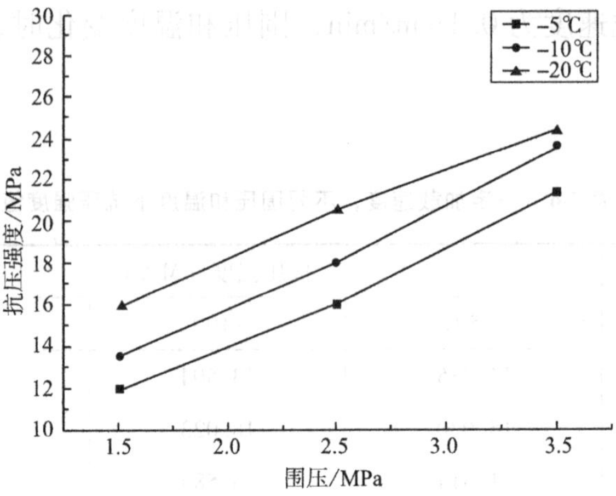

图 3-28 抗压强度随围压的变化曲线

由图 3-28 可知，当加载速度确定，一定围压下抗压强度随着温度的增加逐渐减小；当加载速度确定，一定温度下抗压强度随着围压的增加逐渐增大。

当加载速度为 0. 01mm/min，围压和温度变化时，抗压强度值见表 3-7。

表 3-7 一定加载速度，不同围压和温度下抗压强度值

围压/MPa	抗压强度/MPa		
	-5℃	-10℃	-20℃
1. 5	12. 316	12. 813	13. 927
2. 5	13. 473	17. 759	18. 432
3. 5	16. 560	19. 698	21. 854

一定加载速度、一定围压下，抗压强度随温度的变化曲线如图 3-29 所示。

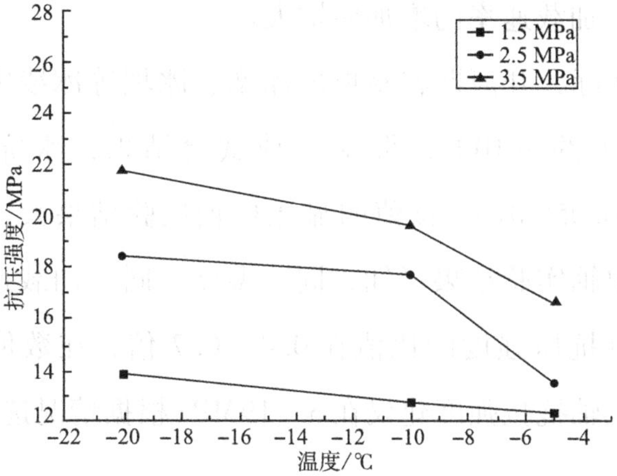

图 3-29　抗压强度随温度的变化曲线

一定加载速度、一定温度下，抗压强度随围压的变化曲线如图3-30 所示。

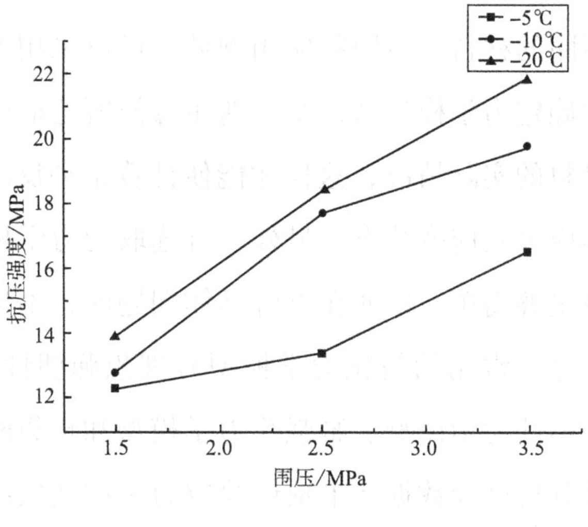

图 3-30　抗压强度随围压的变化曲线

由图 3-30 可知，当加载速度确定，一定围压下抗压强度随着温度的增加逐渐减小；当加载速度确定，一定温度下抗压强度随着围压的增加逐渐增大；在围压和温度一定的情况下，抗压强度随着加载速率的增加而增大。

结合实际，开河期容易形成冰塞、冰坝等冰凌灾害，此时冰面温度大约 -10℃，根据三轴试验结果，冰抗压强度在12.813~26.058MPa，该值明显比单轴试验结果大，应更接近实际。由单轴实验结果可知，同一温度、同一加载速度下，抗拉强度与其抗压强度的比值在0.4~0.7倍，在数值模拟计算时，冰体三轴抗拉强度建议在5~19MPa根据情况选取。

3.2 冰的力学本构模型

3.2.1 力学本构模型的选择

对于不同的材料，不同的应用领域，可以采用不同的变形体模型。在确定力学模型时，要特别注意使所选取的力学模型必须符合材料的实际情况，这样才能使计算结果反映结构或构件中的真实应力及应变状态。另外，所选取的力学模型的数学表达式应该足够简单，以便在求解具体问题时，不出现过大的数学上的困难。常用的简化力学模型有理想弹塑性力学模型、线性强化弹塑性力学模型、幂强化力学模型和理想刚塑性力学模型，通过分析试验数据和单轴试验应力-应变曲线特征，初步确定冰材料符合幂强化力学模型特征，如图3-31所示。

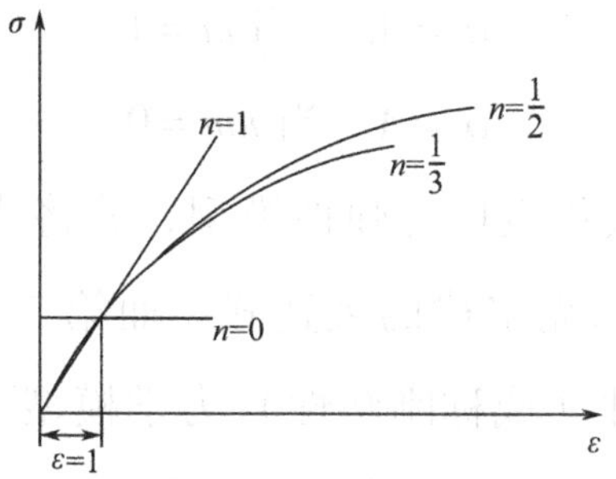

图 3-31 幂强化力学模型

实验与之对比得知：冰材料的应力－应变曲线，无论是单向抑或是三向加载，应力－应变曲线都具有幂强化形式特征，即 $\sigma = A\varepsilon^m$（单向）或 $\sigma_i = A\varepsilon_i^m$（三向）。其中

$$\sigma_i = \frac{\sqrt{2}}{2}\sqrt{(s_1 - s_2)^2 + (s_2 - s_3)^2 + (s_3 - s_1)^2}$$

$$\varepsilon_i = \frac{\sqrt{2}}{3}\sqrt{(e_1 - e_2)^2 + (e_2 - e_3)^2 + (e_3 - e_1)^2}$$

实际爆炸破冰过程，由于冰体强度较小，从受力到破坏一直应是主动加载、主动变形的过程，没有卸载的的过程；同时，冰体的脆性低强度特点，决定了整个破坏过程也是在小变形范围。所以，对冰体爆炸施力破碎，比较接近形变理论特征。冰材料本构模型采用幂强化力学模型是理想的，给计算带来方便。

该模型可以避免解析式在 $\varepsilon = \varepsilon_s$（达到屈服应变）处的变化，本实验通过三轴实验进行拟合，即取

$$\sigma_i = A\varepsilon_i^m \tag{3-4}$$

式中，m 为幂强化系数，介于 0 与 1 之间，曲线在 $\varepsilon = 0$ 处与 σ 轴相切，而且有

$$\sigma = A\varepsilon \quad 当\ m = 1$$

$$\sigma = A \quad 当\ nm = 0 \tag{3-5}$$

式中，第一式代表理想弹性模型，若将式中的 A 用弹性模量 E 代替，则为胡克定律的表达式。而第二式若将 A 用 σ_s 代替，则为理想塑性（或称刚塑性）力学模型。通过求解式（3-5）可得 $\varepsilon = 1$，即这两条线在 $\varepsilon = 1$ 处相交。式（3-4）中幂强化系数 m 可以在较大范围内变化，解析式比较简单，所以式（3-4）常被采用。

当进行简单加载及各向比例变形下，本构曲线仍为幂函数特征，且三轴与单轴实验结果有较好的形态拟合性。这也证实了单一曲线假设的正确性。

3.2.2 最小二乘法曲线拟合

在研究两个变量（x，y）之间的相互关系时，通常可以得到一系列成对的数据（x_1，y_1，x_2，y_2，...，x_n，y_n）；将这些数据描绘在 $x-y$ 直角坐标系中，若发现这些点在一条直线附近，可以令这条直线方程如式（3-6）所示。

$$Y_i = a_0 + a_1 X_i \tag{3-6}$$

式中：a_0、a_1 为任意实数。

为建立这直线方程就要确定 a_0 和 a_1，应用最小二乘法原理，将实测值 Y_i 与利用式（3-6）计算值（$Y_j = a_0 + a_1 X_i$）的离差（$Y_i - Y_j$）的平方和 $\sum Y_i - Y_j^2$ 最小为优化判据。

令

$$\phi = \sum (Y_i - Y_j)^2 \tag{3-7}$$

把式（3-6）代入式 3-7 中得

$$\phi = \sum_{i=1}^{n}(Y_i - a_0 - a_1X_i)^2 \tag{3-8}$$

当$\sum(Y_i - Y_j)^2$最小时，可用函数ϕ对a_0、a_1求偏导数，令这两个偏导数等于零。

即
$$\sum_{i=1}^{n}2(a_0 + a_1X_i - Y_i) = 0 \tag{3-9}$$

$$\sum_{i=1}^{n}2X_i(a_0 + a_1X_i - Y_i) = 0 \tag{3-10}$$

即

$$na_0 + \left(\sum_{i=1}^{n}X_i\right)a_1 = \sum_{i=1}^{n}Y_i \tag{3-11}$$

$$\left(\sum_{i=1}^{n}X_i\right)a_0 + a_1\sum_{i=1}^{n}X_i^2 = \sum_{i=1}^{n}(X_iY_i) \tag{3-12}$$

得到的两个关于a_0、a_1为未知数的两个方程组，解这两个方程组得出：

$$a_0 = \frac{\sum_{i=1}^{n}Y_i}{n} - \frac{\left(\sum_{i=1}^{n}X_i\right)a_1}{n} \tag{3-13}$$

$$a_1 = \frac{\left[n\sum_{i=1}^{n}(X_iY_i) - \sum_{i=1}^{n}X_i\sum_{i=1}^{n}Y_i\right]}{\left[n\sum_{i=1}^{n}X_i^2 - \left(\sum_{i=1}^{n}X_i\right)^2\right]} \tag{3-14}$$

这时把a_0、a_1代入式3-6中，即我们回归的元线性方程。

3.2.3 冰的本构模型研究

本书冰的力学模型采用幂强化模型，应力－应变关系式为：$\sigma = A\varepsilon^m$。为计算拟合，先对次公式两边取常数对数将该函数线性化，即

$$\log\sigma = \log A + m\log\varepsilon \tag{3-15}$$

令 $\log\sigma = Y_i$，$a_0 = \log A$，$a_1 = m$，$X_i = \log\varepsilon$

则有

$$Y_i = a_0 + a_1 X_i$$

对于 a_0 和 a_1，可以用前面介绍的最小二乘法计算，先列出数据表，见表 3-8。

表 3-8　-5℃、加载速率为 0.01mm/min、围压为 1.5MPa 时数据

σ	ε	Y	XY	X^2
1.769231	0.000858	0.570545	-4.02872	49.86029
5.282051	0.001619	1.664315	-10.6944	41.2899
5.641026	0.002124	1.730066	-10.6476	37.87729
7.051282	0.007117	1.953209	-9.65902	24.45507
9.179487	0.008112	2.216971	-10.6733	23.17798
10.23077	0.009607	2.3254	-10.8021	21.57858
10.58974	0.0106	2.359886	-10.7301	20.67403
11.28205	0.011103	2.423213	-10.9057	20.25469
12.6615	0.011407	2.538566	-11.3564	20.01267
12.69231	0.01171	2.540996	-11.3005	19.7784
13.05128	0.012014	2.568886	-11.3588	19.55133
13.41026	0.012402	2.59602	-11.3963	19.27137
14.10256	0.012691	2.646357	-11.5563	19.06946
14.46154	0.013011	2.671493	-11.5996	18.8528
Σ	0.1244	30.8059	-146.7089	355.7039

利用数据表，可根据式（3-13）和式（3-14 ）直接求出 a_0 和 a_1，再根据式（3-15）算出 A 和 m，即

$$a_0 = 5.2254$$

$$a_1 = 0.6090$$

$$A = 185.9355$$

$$m = 0.6090$$

得出冰的应力－应变力学模型：

$$\sigma = 185.9355\varepsilon^{0.6090}$$

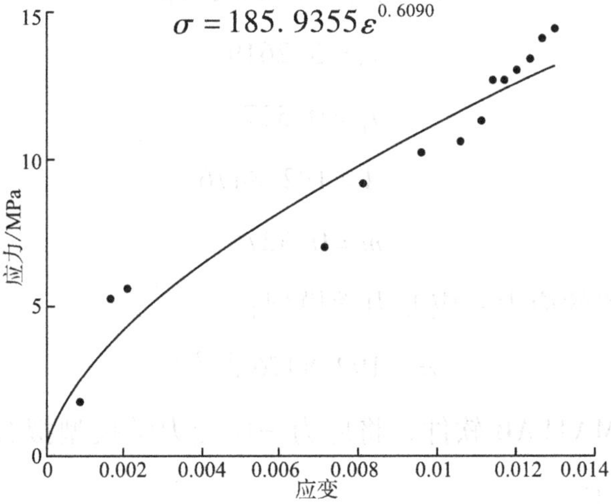

图 3-32　－5℃、加载速率为 0.01mm/min、围压为 1.5MPa 时冰的应力—应变曲线

当条件为－10℃、加载速率为 0.1mm/min、围压为 1.5Mpa 时相关数据如表 3-9 所示。

表 3-9　－10℃、加载速率为 0.1mm/min、围压为 1.5MPa 时数据

σ	ε	Y	XY	X^2
7.051282	0.001749	1.953209	－12.4005	40.30699
7.410256	0.002326	2.002865	－12.1443	36.76563
8.102564	0.002735	2.092181	－12.3472	34.82864
9.871795	0.003232	2.289682	－13.1307	32.8871
10.58974	0.003784	2.359886	－13.161	31.10239
10.94872	0.00425	2.393222	－13.0688	29.81991
11.28205	0.004783	2.423213	－12.9466	28.54475
11.64103	0.005179	2.454536	－12.9185	27.70043
12	0.004989	2.484907	－13.1713	28.09542
Σ	0.0330	20.4537	－115.2888	290.0513

利用数据表，可根据式（3-13）和式（3-14）直接求出 a_0 和 a_1，再根据式（3-15）算出 A 和 m，即

$$a_0 = 5.2619$$

$$a_1 = 0.5276$$

$$A = 192.8476$$

$$m = 0.5276$$

得出冰的应力－应变力学模型：

$$\sigma = 192.8476\varepsilon^{0.5276}$$

利用 MATLAB 软件，将应力—应变力学模型拟合成曲线如图 3-33 所示

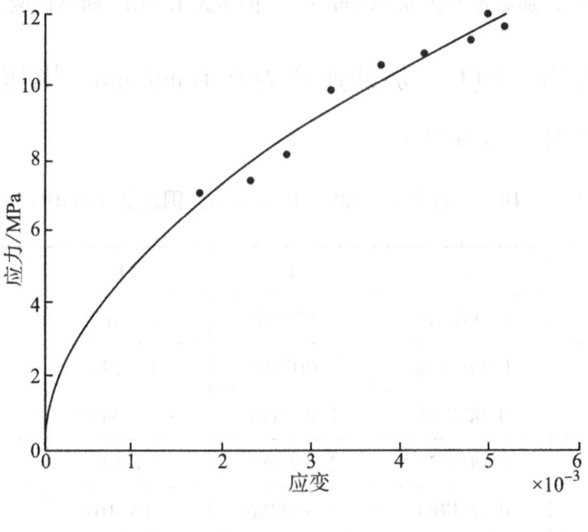

图 3-33　－10℃、加载速率为 0.1mm/min、围压为 1.5MPa 时冰的力学模型曲线

3.2.4 误差分析

拟合优度是指拟合直线对观测值的拟合程度。显然若观测点离回归直线近，则拟合程度好；反之则拟合程度差。度量拟合优度的统计量是可决系数（亦称确定系数 R^2）。这里，予以说明。

$$R^2 = \frac{\sum_{i=1}^{n}(\hat{y}_i - \bar{y})^2}{\sum_{i=1}^{n}(y_i - \bar{y})^2} \triangleq \frac{S_R}{S_T} \tag{3-16}$$

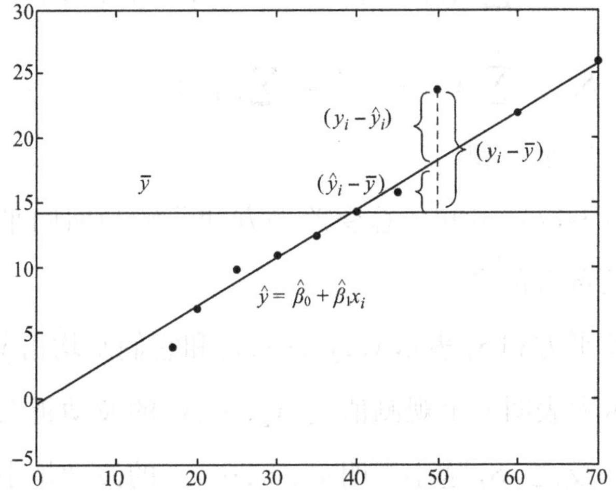

图 3-34 三种离差示意

如图 3-34 所示，考虑平方和分解

$$S_T = \sum_{i=1}^{n}(y_i - \bar{y})^2 = \sum_{i=1}^{n}(y_i - \hat{y}_i)^2 + \sum_{i=1}^{n}(\hat{y}_i - \bar{y})^2 \triangleq S_e + S_R \tag{3-17}$$

其中交叉项

$$\sum_{i=1}^{n}(y_i-\hat{y}_i)(\hat{y}_i-\bar{y})=$$

$$\sum_{i=1}^{n}(y_i-\hat{\beta}_0-\hat{\beta}_1x_i)(\hat{\beta}_0+\hat{\beta}_1x_i-\bar{y})=$$

$$(\hat{\beta}_0-\bar{y})\sum_{i=1}^{n}(y_i-\hat{\beta}_0-\hat{\beta}_1x_i)+\hat{\beta}_1\sum_{i=1}^{n}(y_i-\hat{\beta}_0-\hat{\beta}_1x_i)x_i=0 \tag{3-18}$$

其中 $S_T=\sum_{i=1}^{n}(y_i-\bar{y})^2$ 为总变差平方和；

$S_e=\sum_{i=1}^{n}(y_i-\hat{y}_i)^2=n\hat{\sigma}^2$ 为残差平方和；

$S_R=\sum_{i=1}^{n}(\hat{y}_i-\bar{y})^2=\sum_{i=1}^{n}\hat{\beta}_1{}^2(x_i-\bar{x})^2=\hat{\beta}_1{}^2I_{xx}$ 为回归平方和。

由式（3-17）可知，总变差平方和分解为回归平方和与残差平方和两部分的和。

总变差平方和 S_T 表示 $y_1,y_2,\cdots,y_n$ 和它们平均值 $\bar{y}$ 的变差平方和。S_T 越大表明 n 个观测值 $y_1,y_2,\cdots,y_n$ 的波动越大，即 y_i 之间越分散；反之，S_T 越小表明 $y_1,y_2,\cdots,y_n$ 的波动越小，即 y_i 之间越接近。

残差平方和 S_e 描述了误差平方波动的大小，反映了除掉由 x 之外的未加控制的因素引起的波动，即随机误差引起的波动。

由于 $\frac{1}{n}\sum_{i=1}^{n}\hat{y}_i=\frac{1}{n}\sum_{i=1}^{n}(\hat{\beta}_0+\hat{\beta}_1x_i)=\hat{\beta}_0+\hat{\beta}_1\bar{x}=\bar{y}$，即 $\hat{y}_1$，$\hat{y}_2$，…，$\hat{y}_n$ 的平均值也是 $\bar{y}$，因此回归平方和 S_R 表示 $\hat{y}_1$，$\hat{y}_2$，…，$\hat{y}_n$ 与它们的平均值 $\bar{y}$ 的变差平方和，反映了 $\hat{y}_1$，$\hat{y}_2$，…，$\hat{y}_n$ 的

分散程度。

所以，由式（3-16）得知，R^2 的取值范围是［0，1］。R^2 的值越接近 1，说明回归直线对观测值的拟合程度越好；反之，R^2 的值越接近 0，说明回归直线对观测值的拟合程度越差。

通过式（3-16）计算，本实验得到在两种温度下，不同力学模型的拟合优度数值，见表 3-10。

表 3-10　－5℃与－10℃下不同力学模型的拟合优度

温度/℃	力学模型经验公式	R^2
－5	$\sigma=185.9355\varepsilon^{0.6090}$	0.9002
－10	$\sigma=192.8476\varepsilon^{0.5276}$	0.9554

很显然，两种情况拟合度都非常理想。

3.3　小结

本章重点介绍了冰体力学试验，包括单轴力学试验和三轴力学试验。单轴试验有一部分结果，但单轴实验成果显然不能真实反映冰体爆破力学状态，三轴实验在国内外都无现成结果。这主要是冰体作为一种特殊的低温脆性材料，试件难以制作，没有现成的仪器。经过创新努力，试验得出了可靠的应力－应变曲线。应力－应变曲线为非线性特征，无明显的屈服阶段。根据试验结果，进行了曲线拟合，建立了冰体幂函数形式的本构模型，为后面的理论分析、数值模拟及破冰器材的研发打下了基础。

4　理论研究及数值模拟

爆破破冰是现在防凌减灾技术的主要技术，冰体的主动爆破是有效阻止冰坝冰塞形成的关键。若实现冰体结构的有效爆破，同时又安全，又具有推广价值，不能单靠大批量的器材实验，因为实验成本高，而且有时实验是破坏性的，不可逆的，所以必须对冰体结构的爆破动力特性进行计算模拟。

4.1　浮冰、冰盖结构动力特性及动力响应分析

4.1.1　浮冰结构流固耦合动力特性分析

爆破后，当浮冰与河水一起下泄时，水体与冰体的相互作用影响着堤防和过水建筑物，也需进行力学分析，以免造成对堤防及桥梁等过水建筑物的损伤。浮冰、冰盖结构的动力特性的问题实属流固耦合（Fluid-Solid-Interaction，FSI）系统的动力学问题，这类问题的显著特点是固体的变形和流体的变形相互影响，动力学控制方程中未知变量无法由固体域和流体域单独求解。对于这类问题存在弱耦合和强耦合两种处理方法。弱耦合方法是对流体模型进行了简化处理，将流体对固体的作用

归结为附加质量。从 1922 年至今，许多学者在这方面进行了大量的工作。由于附加质量方法具有概念清晰和便于应用的特点，在很长一段时间内，其研究成果在工程实际中得到了广泛应用。但是，对流体模型的过分假设严重地限制了“附加质量”方法的应用范围，特别是对一些高阶频率来讲，而高阶频率对爆炸冲击作用更为敏感，故防凌减灾技术中应用附加质量的方法存在严重的局限性。强耦合方法对流体和固体不采用任何简化，而采用精确的描述模型。这样一来，通过耦合界面上的连续性条件耦合在一起的流体方程和固体方程进行联立求解。本书以水体加速度为零为假设条件，采用位移 - 压力格式的有限元模型来描述上述流固耦合系统，即对结构采用位移单元进行离散而对流体采用压力单元进行离散。这种格式的有限元最终将流固耦合系统归结为一个具有大型非对称矩阵的特征值问题。这种非对称特征值问题的求解同对称特征值问题相比要困难得多。本书采用 Arnoldi 方法对这种大型非对称特征值问题进行求解，从而获得水上浮冰结构的动力特性。

4.1.2 数值算例

将 Arnoldi 迭代方法应用于浮冰、冰盖结构问题之前，必须验证这种方法的可行性和可靠性。当前，储液容器的动力特性得到了广泛且深入的实验和计算研究。储液容器的动力学问题属于 FSI 系统的动力学问题，故可以通过简单的储液容器问题就可以检验该方法的整个流固耦合的适用性，文献中的储液容器几何参数：$H = 231\ \mathrm{mm}$，$\varphi = 153\ \mathrm{mm}$，$t = 1.5\ \mathrm{mm}$；容器材料常数：$E = 2.05e11\ \mathrm{N/m^2}$，$\nu = 0.3$，$\rho_s = 7800\ \mathrm{kg/m^3}$；流体的材料常数：$c = 1414.2\ \mathrm{m/s}$，$\rho_f = 1000\ \mathrm{kg/m^3}$。用 Arnoldi 迭代方法得到了一些低阶频率和文献的结果汇总见表 4-1。

表 4-1 储液容器的低阶固有频率值（f/Hz）

模态 m	模态 n	实验结果［5］(f_1)	计算结果［5］(f_2)	本研究结果 (f_3)	相对误差 $(f_2-f_3)/f_2$
1	3	388	400.6	393.7	1.753%
1	2	421	482.1	488.9	1.391%
1	4	628	633.2	653.9	3.166%
1	1	—	1038.6	1036.4	0.212%

在表 4-1 中分别列出了文献中的实验和计算结果以及本研究的计算结果，其中 m 和 n 分别表示这些频率对应的固有模态轴向波数。从表中可以看出，本研究的计算结果与文献的计算结果相当一致，而且除了第二阶模态外，计算结果也与实验结果比较一致。从上面的算例分析可以看出，Arnoldi 迭代方法是适合于求解流固耦合系统的动力特性问题。

4.1.3 矩形浮冰结构动力特性分析

本书首先研究了固定长宽为 50m × 100m，厚度分别为 40cm、50cm、60cm、70cm、80cm、90cm 和 100cm 时冰体在空气中的频率变化，以及冰下水深为 5m 时各阶自振频率与厚度的关系；其次研究了冰体在水深为 5m 时冰体在水中各阶自振频率与冰体在空气中的各阶频率相比的减小值与厚度的关系；最后研究了冰体在厚度为 70cm 时，浮冰各阶自振频率与水深的关系。

通过介绍冰体在水深为5m时冰体在水中与在空气中的前20阶自振频率与冰体厚度的关系，探讨了冰体在此两种介质中的频率差别和频率差别与冰体厚度的关系，最后得到了厚度为0.7m的浮冰在水深为2～18m时冰体前20阶自振频率与水深的关系，得到如下结论。

（1）在空气中和水中的冰体的各阶自振频率都随着厚度的增大有显著的增大，且近似服从线性关系。

（2）一定厚度的冰体在空气中和水中的自振频率均随着阶次的升高而增大，且冰体的厚度越大，则自振频率随阶次升高越快。

（3）冰体在水中的各阶自振频率与其在空气中的各阶自振频率相比的下降百分率随冰体厚度的增大而减小，说明水体对冰体的自振频率的影响随着厚度的增加而变小，并且同一厚度的冰体的自振频率的下降百分比随着阶次的升高而略有下降，但下降并不大。

（4）对于本计算模型当水深小于8m时，水深对冰体的前20阶自振频率的影响比较大；当水深大于8m时随着水深的增加，冰体的自振频率变化一般不大于10%，但却不可忽略。

4.1.4 圆形浮冰结构动力特性分析

为研究圆形浮冰动力特性，现取半径为25m，厚度分别为0.4m、0.5m、0.6m、0.7m、0.8m、0.9m、1.0m，水深为10m的浮冰，计算其频率和振型。

以圆形浮冰结构为研究对象，研究浮冰自振频率和振型的影响因素：浮冰厚度、流固耦合、水深。为简化计算在建模时忽略了浮冰侧面的流固耦合。

根据以上的分析，我们基本可以得出圆形浮冰结构厚度对其动力特性影响的规律。现将研究所得结论总结如下。

（1）冰厚度和水深的改变以及流固耦合作用对浮冰各阶振型无影响。

（2）冰厚度增加时，各阶频率会增大，并会表现出一定的线性相关。

（3）浮冰的自振频率较无流固耦合作用时减小，但各阶振型保持不变。无流固耦合作用时求得的各阶振型效果较好，可替换浮冰的振型，并且求得的计算结果有助于对浮冰求得结果进行取舍。

（4）水深增加时，各阶频率会下降，但下降速度会变缓。

以上所得结论是基于薄板小挠度假定取得的。当该假定不成立时，以上结论就需要进行重新论证。

4.1.5 矩形冰盖结构动力特性分析

为研究矩形冰盖结构动力特性，取面积为2500m^2的矩形冰盖结构，长、宽都为50m，其厚度为$h=60$、65、70、75、80、85、90、95、100cm，冰盖下水体深度$H=5$、6、7、8、9、10m，进行建模分析，冰盖结构位移约束为空间简支。

采用位移－压力自由度方法来处理冰体和水体的耦合作用，对矩形冰盖结构进行了研究，并且对冰盖的约束情况进行了两种情况的简化处理即固端约束和空间简支约束。首先分别计算分析了不同约束情况和不同厚度的冰盖的动力特性，其次对有无流固耦合作用下的冰盖的自振频率进行了比较。

通过计算与分析可以得到以下主要结论。

（1）流固耦合作用下会使结构的自振频率减小。

（2）无论有无流固耦合的作用，随着冰厚度的增加，结构的自振频率都会相应增加，基本成线性关系，并且阶次越高厚度的影响越明显。

（3）随着冰厚的增加，流固耦合作用对冰盖自振频率的影响在减弱。

（4）在四周三向（u_x，u_y，u_z）约束条件下冰盖结构的自振频率较空间简支冰盖的大。

（5）流固耦合作用对冰盖结构的自振频率的影响随水深度的增加而增大，当水深较浅时很明显，而当水深较深时影响很弱。

4.1.6 冰盖结构的动力响应分析

（1）冰体结构的响应分析。

冰体结构的动力响应分析，令设计破冰器材阵列布置与冰体结构的振型保持一致，并根据相应的振动周期，爆破器材的装药量，使爆破引起的水体波动频率与冰体结构自由振动频率同步，从而达到共振破冰的目的。

（2）共振破冰方案设计。

本研究设计的破冰方案是共振破冰，其基本原理是利用冰体材料的脆断性，设计随进弹的延时引爆时间，使冰盖结构发生共振，并在波峰和波谷处折断。针对冰盖结构，考虑波峰与波谷之间的相位差为半个周期，则要求在波峰、波谷交替变化中可延时爆破，变化成为波峰或波谷位置上叠加爆破。其破冰思路如图 4-1、图 4-2 所示，共振爆破要依据相位差延时进行，并设计爆破器材的装药量，以期达到最佳的爆破效果。

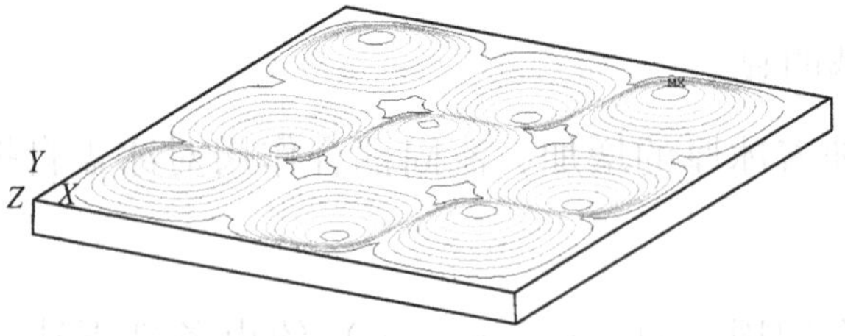

图 4-1　冰盖结构第 9 阶主振型示意（周期 1.44s）

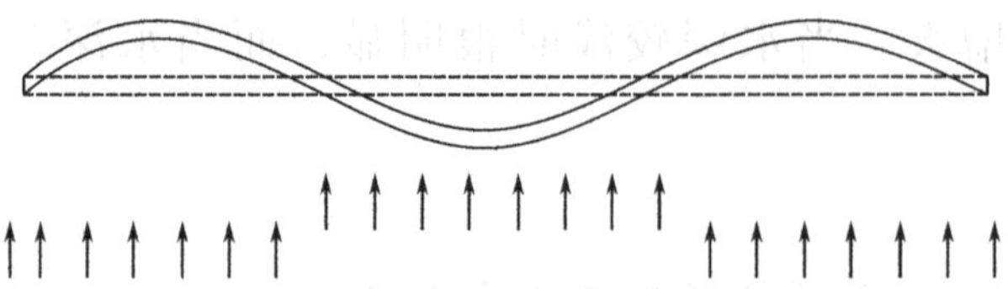

图 4-2　共振破冰示意（延时 0.72s）

4.2　爆炸冲击波作用下冰盖结构的动力响应分析

本书针对冰凌灾害防治中的冰盖结构问题，考虑水下爆破冲击波作用，利用冰体材料抗拉性能差、易折裂的特点，提出了冰盖结构产生动弯曲变形折裂破冰的新研究思路。书中采用水下爆破作用下的动力特征研究，建立冰盖板结构动力分析模型，开展了冰盖板结构的动力响应分析。在破冰实践研究中，开展了爆破试验研究，从而为进一步的理论研究提供了可靠的数据资料。计算图示如图 4-3 所示。

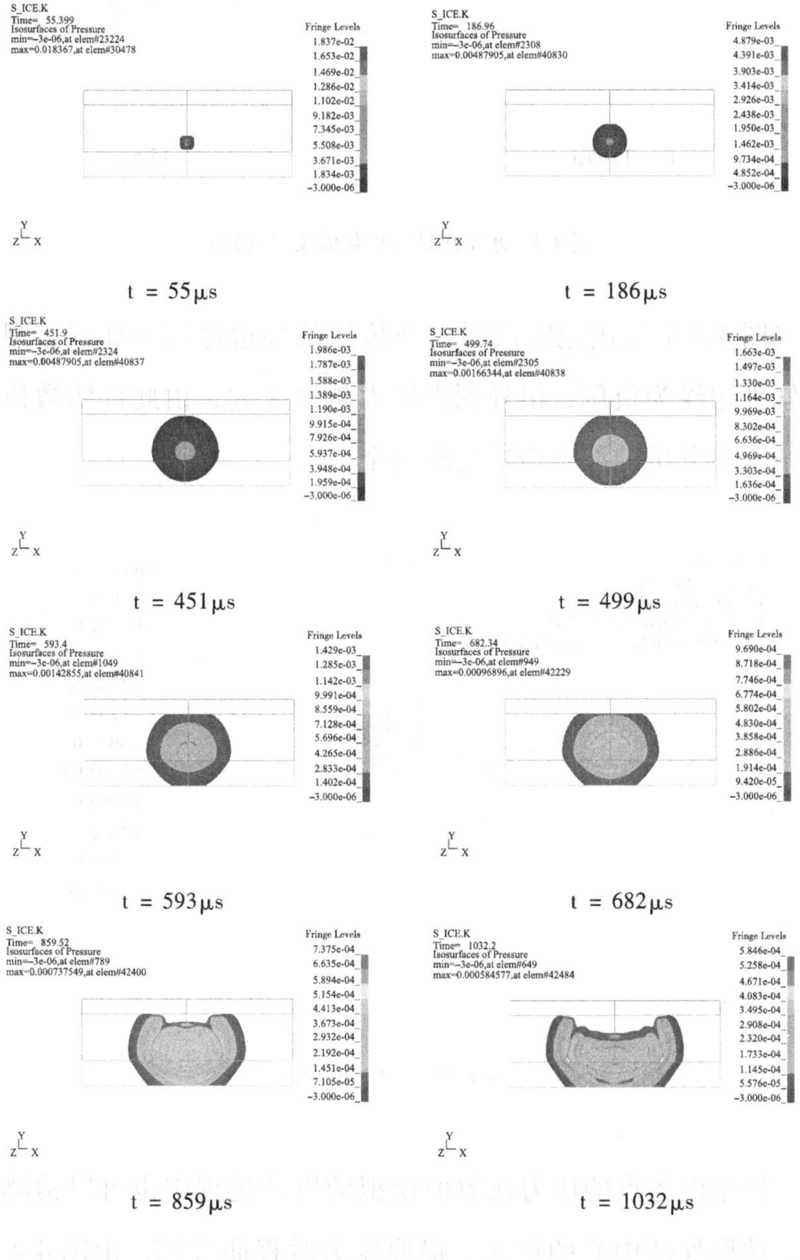

图 4-3　水下爆破过程数值模拟

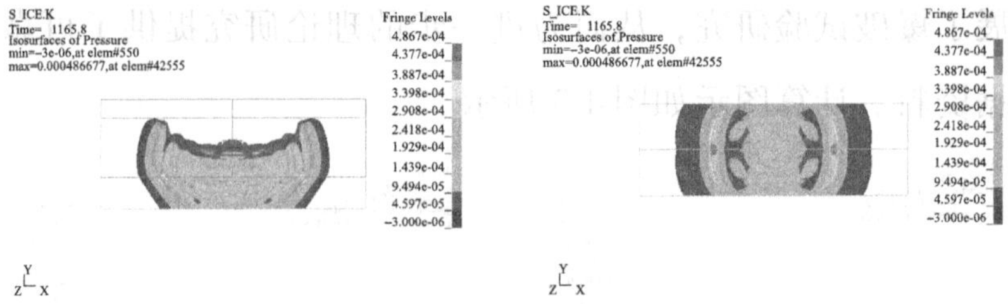

t = 1165μs　　　　t = 1506μs

图 4-3　水下爆破过程数值模拟（续）

图 4-3 显示出地震波系向外传播的外边缘压力状况，观察可知外边缘为负压，由外到内压力越来越大，由此证明数值模拟情况与分析的波系传播情况完全一致。

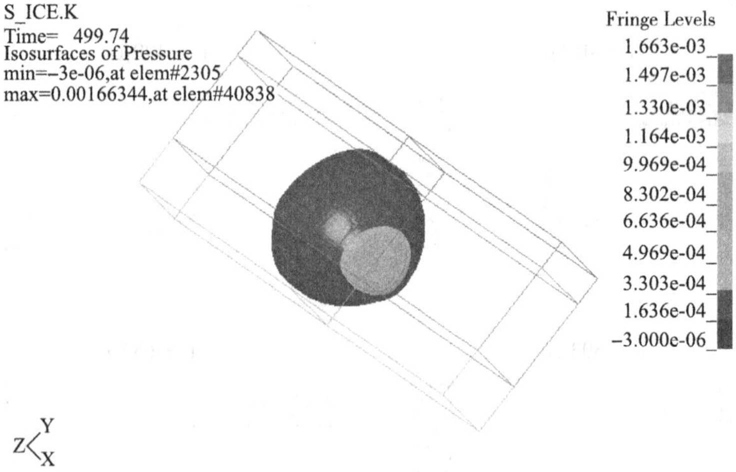

图 4－4　波阵面外缘

模型内各点的压力在数值模拟的爆破过程中也可以检测出来，选取炸药中心的单元，提取压力时程曲线图，由图 4-4 显示可知在 0.1μs 之内炸药的能量会完全释放出来，在 0.05μs

之内达到最高点，继而迅速回落，爆炸中心压力降为0。该模型可以显示任何一个单元的压力时程曲线，可以由此估算周围建筑物所承受的压力。

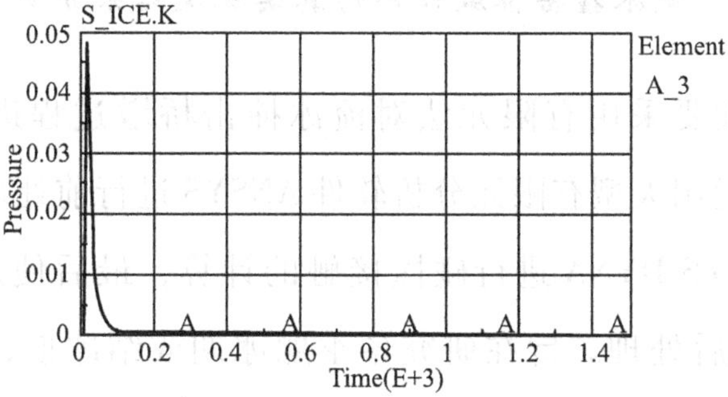

图 4-5　爆炸中心压力时程曲线

在做完爆炸模拟后，再将冰体材料加入爆炸模型中。

通过进行了爆破的数值模拟，依据模拟出的水下爆破过程，可分析冲击波在水底的传播规律，波系前端为负压，波系的压力由中心向外逐渐变少，数值模拟的结果与分析结果完全一致。另外，通过 LS-DYNA 软件可以绘出任意单元的压力时程曲线，就可以精准描述所选单元在爆破过程中所承受的压力变化，所以在周围重要建筑物的安全分析上可以起至关重要的作用。

4.3 流冰碰撞下桥墩破坏有限元仿真分析研究

4.3.1 流冰撞击桥墩作用仿真实现及结果分析

本节主要采用有限元法对流冰撞击桥墩过程进行数值分析，首先运用大型有限元分析软件 ANSYS 进行前处理，然后采用 ANSYS/LS-DYNA 进行碰撞接触的计算，最后使用 LS-PRE-POST 进行后处理。旨在研究冬季融冰期或结冰期，河道中流冰随水流运动碰撞桥墩过程中流冰和桥墩的应力和变形情况，为实际工程中桥墩设计和冰凌灾害的防治提供参考。

该研究分别对冰速为 0.5m/s、0.7m/s、1.0m/s 和 1.5m/s 时的冰与桥墩正碰、1/4 碰和点面碰撞以及不同厚度的冰进行了模拟分析。限于篇幅，现只选取一类工况进行分析，随后对不同工况的作用效果进行对比分析。该工况流冰尺寸为 4m × 5m，冰厚 0.3m，冰速为 0.5m/s；桥墩为圆柱形，高度 8m，直径 1m，桥墩底面全约束，上表面与盖板进行节点耦合；该模型中桥墩只考虑受到的重力和动水压力作用，对于流冰所受的风力和水流推动力等均以流冰的初速度体现；流冰与桥墩的碰撞位置为冰的截面中心位置 Z 方向正面碰撞。

（1）流冰的有限元模型。本节模型中冰采用 SOLID164 8 节点六面体单元，材料选用各向同性弹性断裂模型，流冰尺寸为 4m × 5m × 0.3m，沿 z 轴负方向初速度 0.5m/s 运动，流冰的前缘接触位置网格加密，以保证计算更加准确，流冰有限元模型如图 4-6 所示。

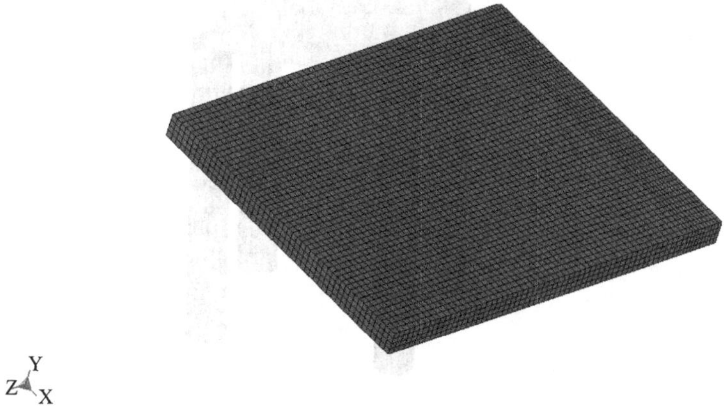

图 4-6 流冰有限元模型

（2）桥墩的有限元模型。本节中桥墩采用 SOLID164 8 节点六面体单元，材料模型选用LS-DYNA材料库中 MAT96（Mat_Brittle_Damage）脆性破坏模型，该模型是专门用于模拟钢筋混凝土的材料模型，并且可以真实地模拟混凝土拉压、剪切失效的各种状态，通过添加关键字 * Mat_Brittle_Damage 来定义，通过修改关键字来设定材料参数。桥墩的材料参数：质量密度 $2500kg/m^3$，杨氏模量 $E=3.0\times10^{10}Pa$，泊松比为 0.20，拉伸极限为 3.0×10^6Pa，剪切极限 1.45×10^7Pa，断裂韧度 $1.49\times10^4kg/m^2$，黏性参数 $0.72\times10^6Pa/s$，屈服应力 2.9×10^7Pa。

桥墩尺寸：桥墩墩身高度 8m，盖板尺寸 $5m\times5m\times0.5m$，桥面板与墩身接触面通过节点耦合方法将其等效为简支形式，这样建立的模型更符合实际情况，桥墩有限元模型如图 4-7 所示。

图 4-7　桥墩有限元模型

(3) 流冰撞击桥墩过程能量分析。流冰撞击桥墩的过程是一个能量交换的瞬态过程，同时也满足能量守恒定律。撞击过程中流冰的动能将转化为以下几种能量：

1) 流冰的弹塑性变形能和碰撞结束时流冰的剩余动能。

2) 桥墩的弹塑性变形能和动能。

3) 结构之间由摩擦引起的热能损失。

4) 计算过程中的沙漏能损失。

如图 4-8 所示，该图示反映了碰撞过程中的能量变化情况，总能量 TOTAL ENERGY 基本守恒；INTERNAL ENERGY 表示内能；SLIDING ENERGY 表示滑移能；HOURGLASS ENERGY 表示沙漏能。

流冰的总动能为 675. 0J，在 0. 07s 时，流冰与桥墩碰撞，此时流冰动能急剧减小，在 0. 3s 左右降到最低值，随后有所上升。模型中流冰与桥墩之间有一定间隙，在碰撞前内能为零，碰撞后内能迅速升高，之后结构的弹性应变能转化为动能，引起内能有所减小，同时动能增加。整个碰撞过程中的大部分能量转化为桥墩的内能和动能，而流冰吸收的能量较小。碰撞过程中的滑移能较小，最大沙漏能 44.5J，占总能量的 6.6%，在控制范围 10% 以内，可见，沙漏能得到了有效控制，计算结果是有效的。

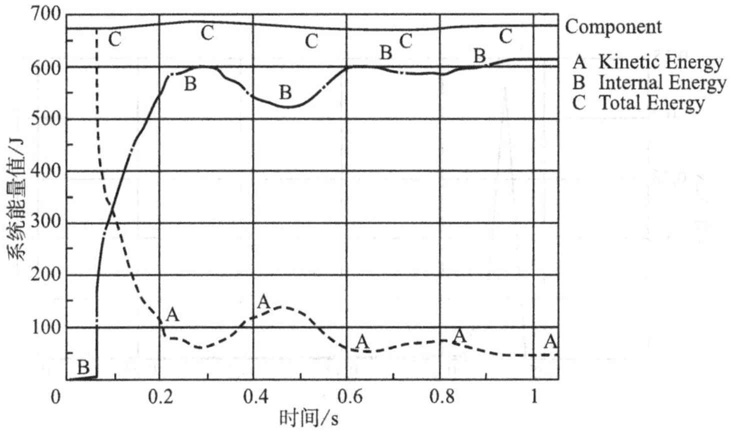

图 4-8 碰撞过程中能量时程曲线

（4）不同接触位置对碰撞结果的影响分析。

1）碰撞位置对冰力的影响。当流冰尺寸 4m × 5m × 0.3m，流冰速度 0.5 m/s 时，对流冰与桥墩三种不同碰撞位置工况进行分析，分别得出正碰、1/4 碰撞和点面碰撞三种类型的冰力时程曲线，如图 4-9 至图 4-11 所示。

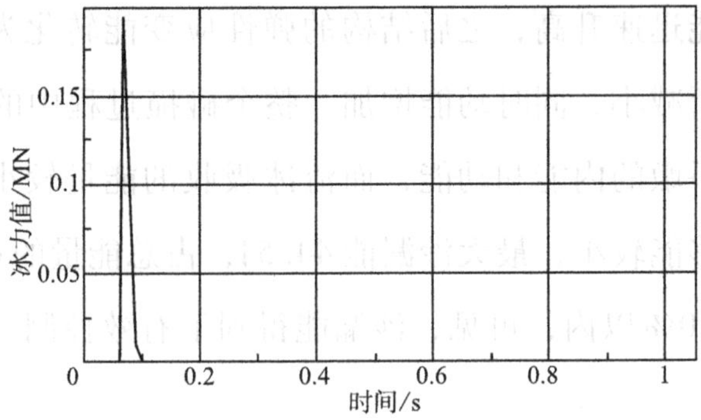

图 4-9　正碰冰力时程曲线

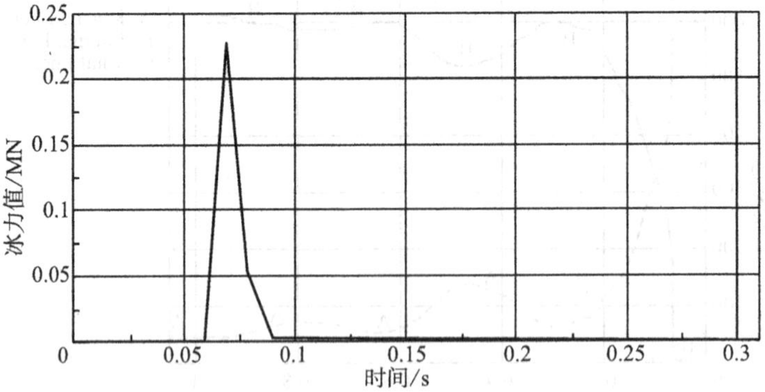

图 4-10　1/4 碰撞冰力时程曲线

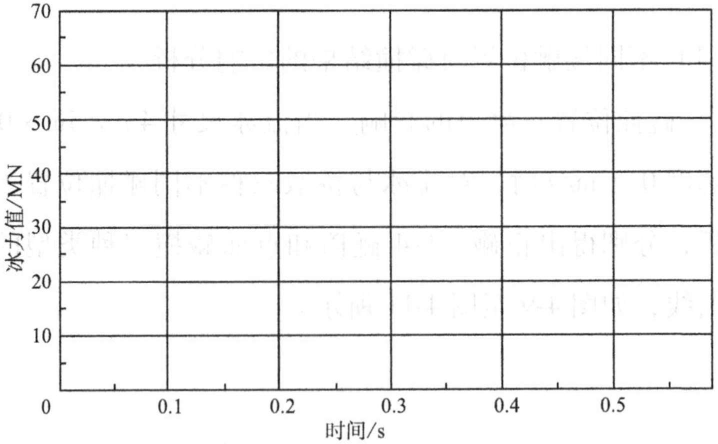

图 4-11　点面碰撞冰力时程曲线

由图 4-9 至图 4-11 可得，不同碰撞位置的冰力大小是不同的，其中 1/4 碰撞的冰力值最大，点面碰撞冰力值最小。流冰的冰力最大值随碰撞位置的变化情况如图 4-12 所示。

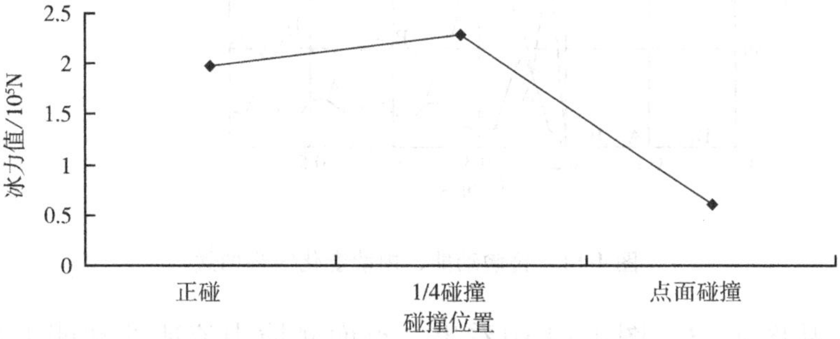

图 4-12 不同碰撞位置的冰力值变化趋势

2）碰撞位置对能量变化的影响

当流冰尺寸 4m × 5m × 0.3m，流冰速度 0.5m/s 时，点面碰撞位置的内能、动能时程曲线如图 4-13、图 4-14 所示。

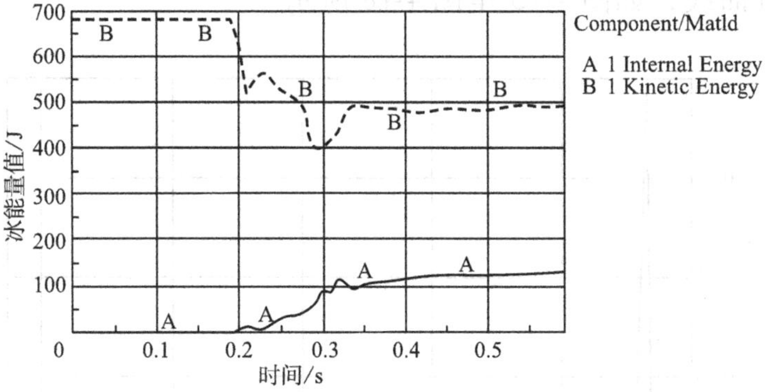

图 4-13 流冰动能、内能变化时程曲线

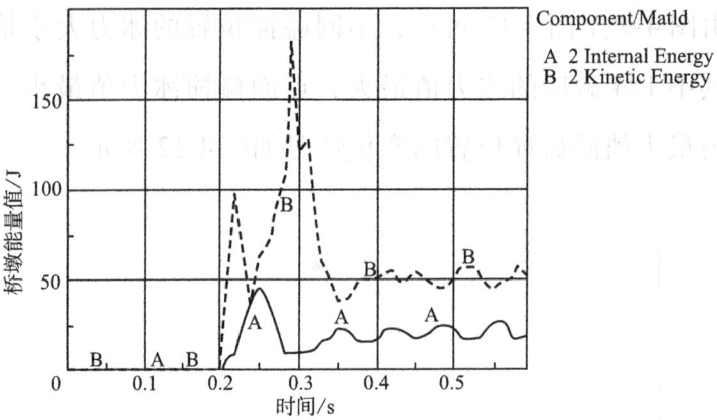

图 4-14　桥墩动能、内能变化时程曲线

从图 4-13、图 4-14 中看出，点面碰撞中流冰的动能大部分转化为自身的动能，碰撞后桥墩的动能和内能都比较小，与前面正碰过程中冰的动能大部分转化为桥墩的能量有所区别。

（5）流冰速度对冰力的影响分析。

当流冰尺寸 4m×5m×0.3m，流冰与桥墩发生正碰过程中，得出流冰速度为 0.5 m/s、0.7m/s、1.0m/s 和 1.5m/s 时的冰力时程曲线，如图 4-15 至图 4-18 所示。

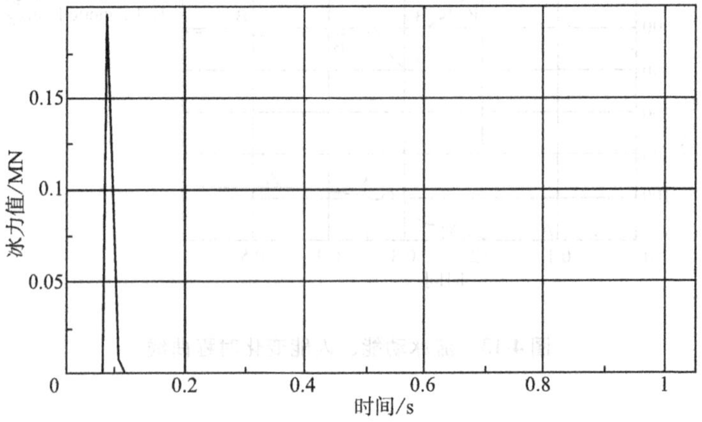

图 4-15　0.5m/s **速度时冰力时程曲线**

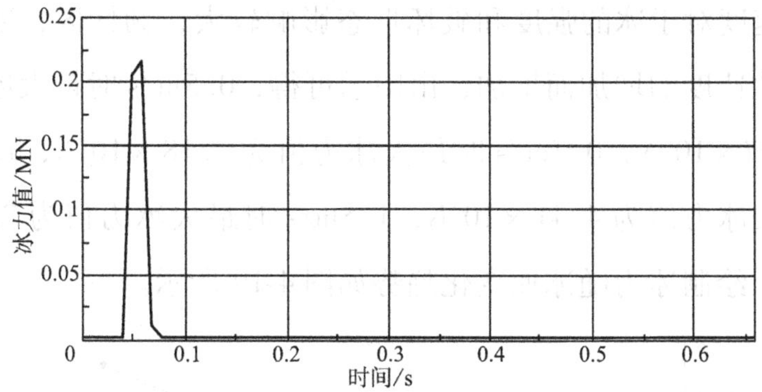

图 4-16 0.7m/s 速度时冰力时程曲线

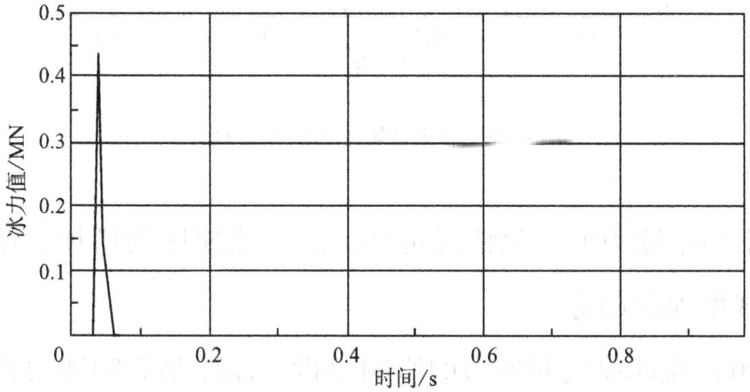

图 4-17 1.0m/s 速度时冰力时程曲线

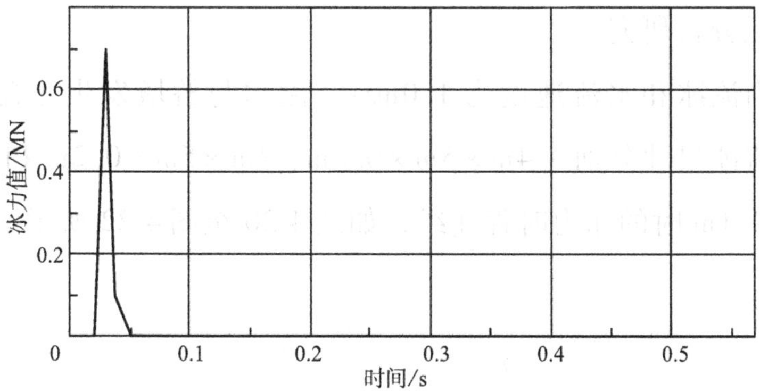

图 4-18 1.5m/s 速度时冰力时程曲线

速度对于冰的强度和破坏形态影响较大，韧性区，冰强度随着冰速度的增加而增加，由图示可得，0.5m/s 时最大冰力值为 1.97×10^5N，0.7m/s 时最大冰力值为 2.18×10^5N，1.0m/s 时最大冰力值为 4.41×10^5N，1.5m/s 时最大冰力值为 7.11×10^5N，绘制冰力随冰速变化趋势如图 4-19 所示。

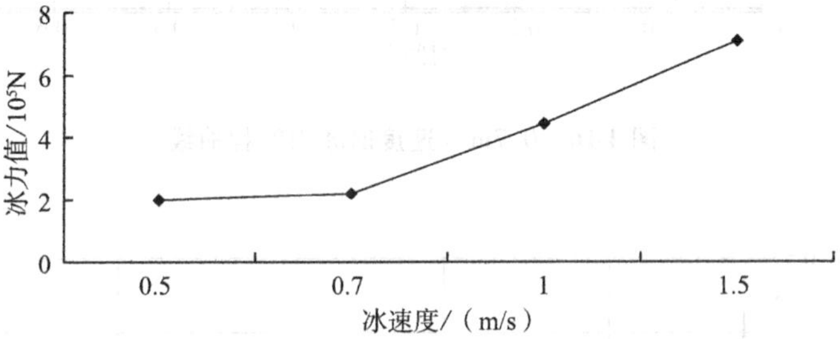

图 4-19　冰力值随冰速度变化趋势

由图中冰力值变化情况可知，随着冰速度的增加，冰力值也呈现增加的趋势。

（6）流冰厚度对冰力的影响分析。冰厚是影响冰力值的一个重要因素，冰厚不同，则冰与结构物的接触面积就不同，进而影响冰力大小，故此处对三种不同冰厚情况下冰力值进行了有限元分析研究。

当流冰和水流速度为 1.0m/s，流冰与桥墩发生正碰过程中，流冰尺寸分别为 4m×5m×0.3m、4m×5m×0.2m 和 4m×5m×0.1m 时的冰力时程曲线，如图 4-20 至图 4-22 所示。

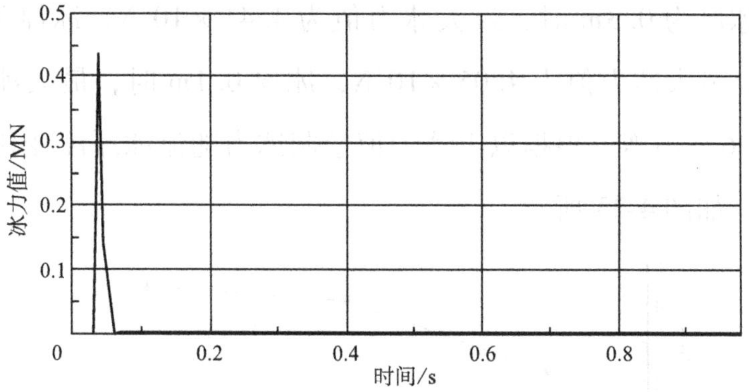

图 4-20 0.3m 厚冰力时程曲线

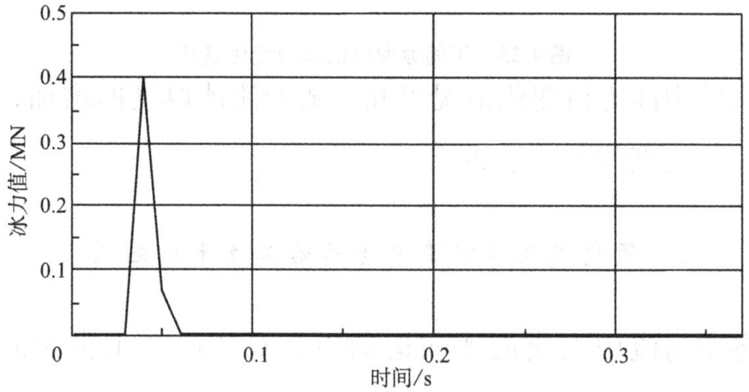

图 4-21 0.2m 厚冰力时程曲线

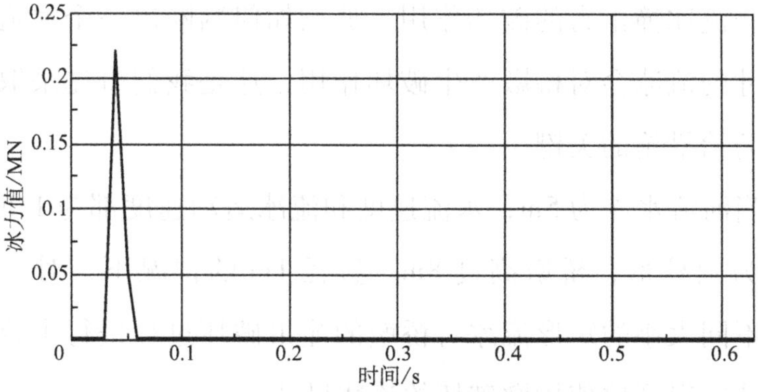

图 4-22 0.1m 厚冰力时程曲线

冰厚为0.3m时，最大冰力值为4.41×10^5N，冰厚为0.2m时，最大冰力值为4.05×10^5N，冰厚0.1m时，最大冰力值为2.26×10^5N，根据以上冰力值绘制冰力随流冰厚度变化的趋势图，如图4-23所示。

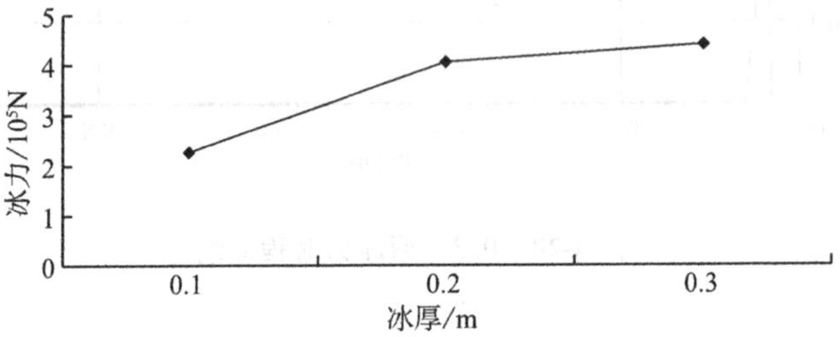

图4-23　不同冰厚时的冰力变化趋势

由图中冰力值变化情况可知，随着流冰厚度的增加，冰力值也呈现逐渐增加的趋势。

4.3.2　研究成果在冰凌灾害防治工作中的应用

冬季河流中大块流冰在运动中会对桥墩产生很大的撞击力，致使桥墩破坏，因此，为防止桥墩在流冰巨大撞击力作用下发生失效或破坏，需要事先对大块流冰进行爆破处理，减小或防止流冰撞击力的破坏作用。那么如何判断出一个河道中多大尺寸的流冰会对桥墩产生破坏作用，这是我们事先采取流冰灾害防治措施的关键。

当河流水深为5m，水流速度和流冰运动速度都为1.5m/s，桥墩为圆柱形，桥墩高度8m、直径1m的情况下，对一定厚度、不同大小的矩形流冰对桥墩的撞击破坏过程进行了分析研究，从中得到致使桥墩破坏的流冰尺寸。

为使分析结果更具普遍应用性，将流冰速度设定为河流最大流速值，碰撞位置设定为破坏力最大的流冰正面碰撞桥墩，主要考虑桥墩的剪切破坏，对计算结果进行分析。

当流冰尺寸为 4m × 5m 时，桥墩的最大剪切应力云图和第一主应力最大值云图如图 4-24、图 4-25 所示。从图中可以看出，桥墩最大剪应力值为 1.831×10^7Pa，大于混凝土的极限剪应力值 1.45×10^7Pa，最大主应力值 3.325×10^7Pa 超过了混凝土的屈服应力 2.9×10^7Pa 时，桥墩局部将发生剪切破坏。

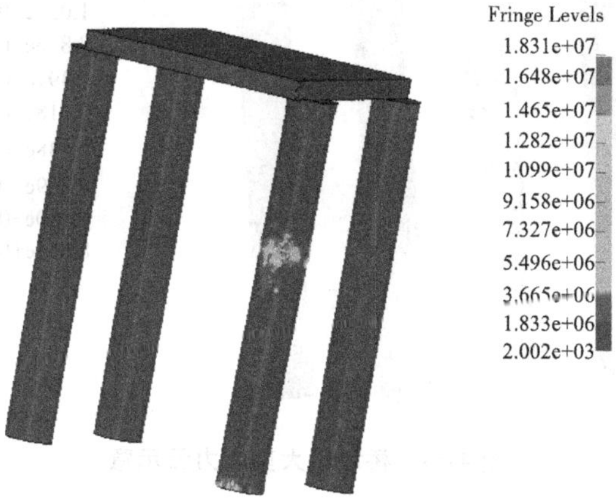

图 4-24　桥墩最大剪应力云示意

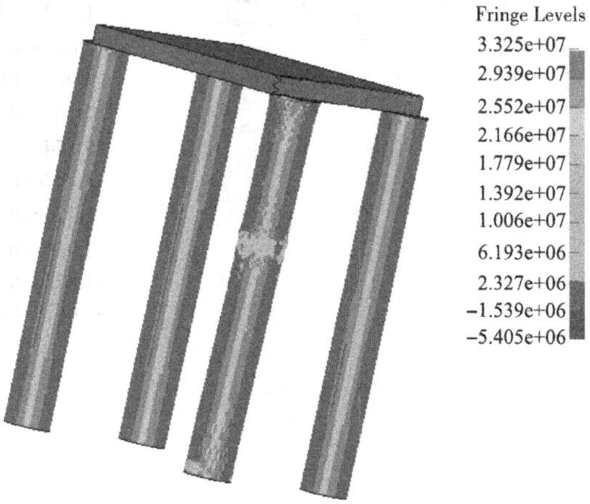

图 4-25　桥墩最大第一主应力云示意

当流冰尺寸为4m×4m时，桥墩的最大剪切应力云图和第一主应力最大值云图如图4-26、图4-27所示，从图中可以看出，桥墩最大剪应力值为1.479×10^7Pa，大于混凝土的极限剪应力值1.45×10^7Pa，故桥墩局部将发生剪切破坏。最大主应力值为1.444×10^7Pa，小于混凝土的屈服应力为2.9×10^7Pa。

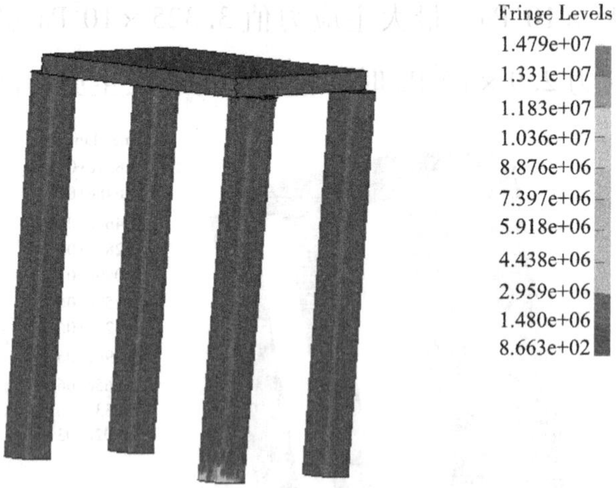

图4-26　桥墩最大剪应力云示意

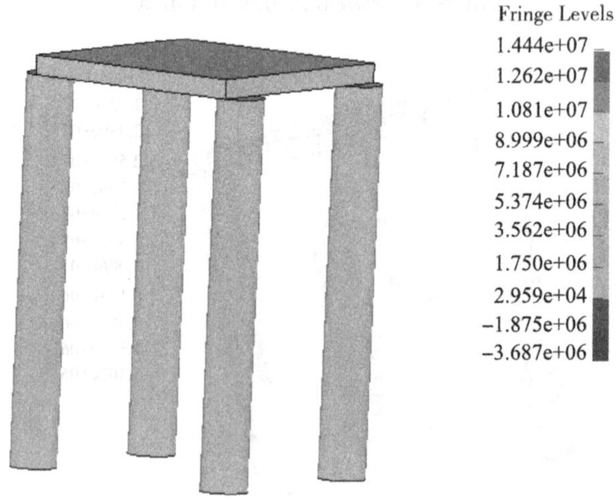

图4-27　桥墩第一主应力最大值云示意

当流冰尺寸为4m×3m时，桥墩的最大剪切应力云图和第一主应力最大值云图如图4-28、图4-29所示，从图中可以看出，桥墩最大剪应力值为1.254×10^7Pa，小于混凝土的极限剪应力值为1.45×10^7Pa时，桥墩不会发生剪切破坏。最大主应力值为1.384×10^7Pa，小于混凝土的屈服应力为2.9×10^7Pa。

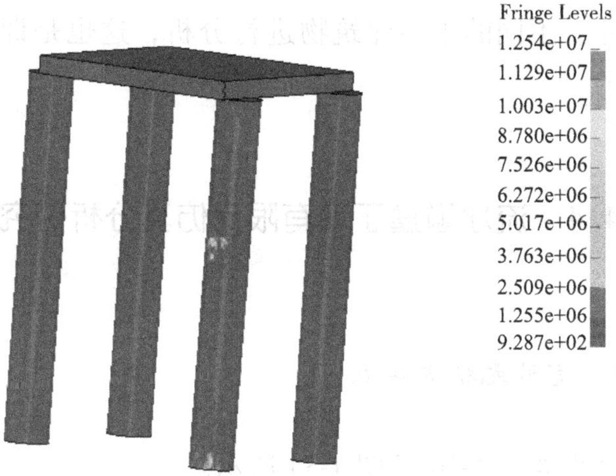

图4-28　最大剪应力云示意

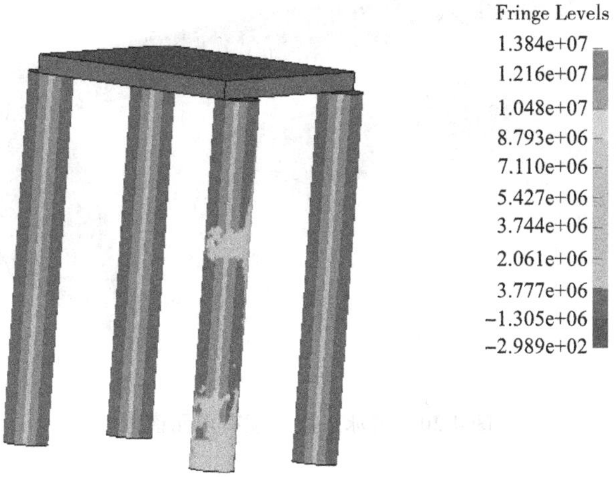

图4-29　第一主应力最大值云示意

通过对三种不同尺寸的流冰撞击作用进行比较，该河道中的矩形流冰当尺寸达到4m×4m时将致使桥墩局部发生剪切破坏，故可在冰凌防治措施中，对尺寸达到或超过4m×4m的流冰提前进行爆破，从而避免流冰对桥墩的撞击破坏，给冰凌灾害的防治工作提供了有利的参考和指导，这也是本书研究内容的意义所在，实际当中还要根据不同的河道特征、不同的流冰形状和尺寸、不同的水中建筑物进行分析，这也是课题组今后研究的方向。

4.4 流冰碰撞丁坝有限元仿真分析研究

4.4.1 有限元模型建立

建立过程如图4-30至图4-34所示。

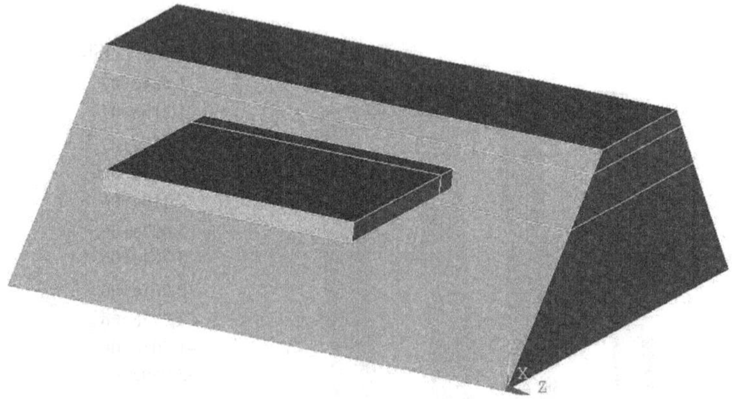

图4-30 流冰正撞丁坝有限元模型

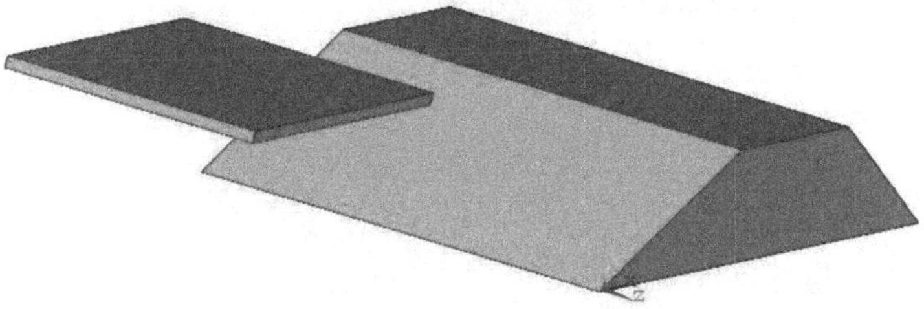

图 4-31 流冰与丁坝坝头相碰有限元模型

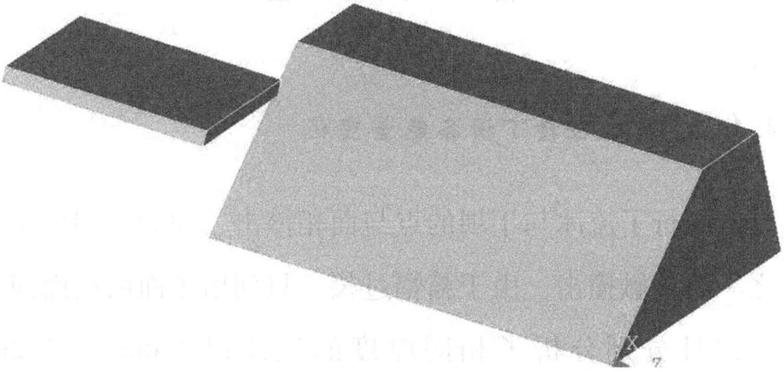

图 4-32 流冰和丁坝坝头的点碰有限元模型

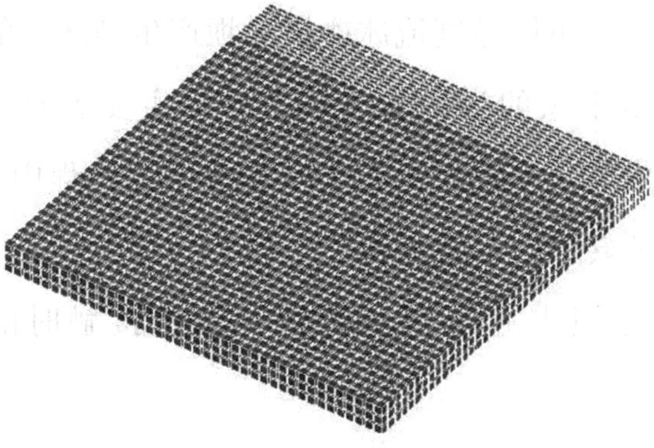

图 4-33 冰块网格模型

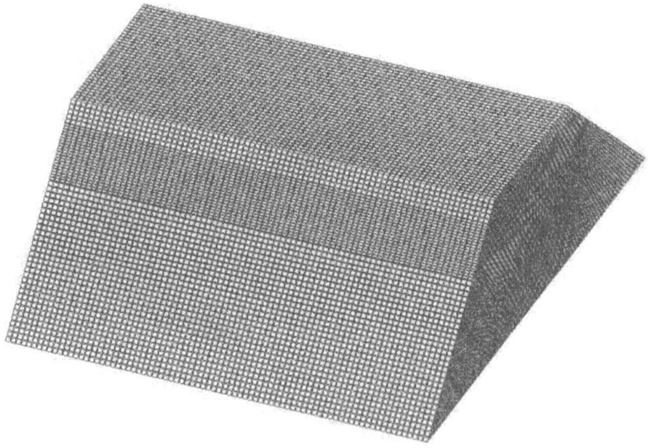

图 4-34　丁坝网格模型

4.4.2　流冰碰撞丁坝各能量变化

分别进行了流冰与丁坝的点与面相撞击、面面正相撞击、和四分之一面接触撞击。由于篇幅过长，只列出了面面正面撞击的例子。并且分别分析了相同厚度的流冰以 1.0m/s、1.2m/s、1.5m/s、1.8m/s 的速度对丁坝进行撞击，然后通过采用不同冰厚 10cm、20cm、30cm、40cm 以相同速度对丁坝分别撞击，总结不同速度、不同厚度流冰碰撞大坝产生破坏力的规律。

流冰撞击丁坝的过程非常快，并且主要就是能量相互交换，所以一定满足能量守恒。流冰撞击丁坝过程中流冰初始拥有的动能主要转换为以下能量：

（1）流冰撞击后余下动能以及发生接触时的变形能和内能。

（2）丁坝的变形能、内能和动能。

（3）流冰与丁坝相互接触产生的摩擦发热损失的热能。

（4）沙漏能的损失。如图 4-35 所示，该图反映了流冰丁坝相互碰撞后的能量变化，其中 A 代表动能（Kinetic Energy），B 代表内能（Internal Energy），C 代表总能量（Total Energy），D 代表沙漏能（Hourglass Energy）。从图中可以看到，最开始没有发生碰撞，流冰有动能，无内能。在发生接触的瞬间，动能急速下降，内能急速上升，碰撞后流冰被弹开后，又回去相碰，动能又有所上升，内能有所下降，最后两能量均趋于平稳，呈现波动状态。在这整个过程中丁坝获得了大部分能量，流冰携带能量很少。从图中也可以看出沙漏能很低，大概占总能量不到4%，所以沙漏能控制得很好，从而也证明计算结果是有效的。

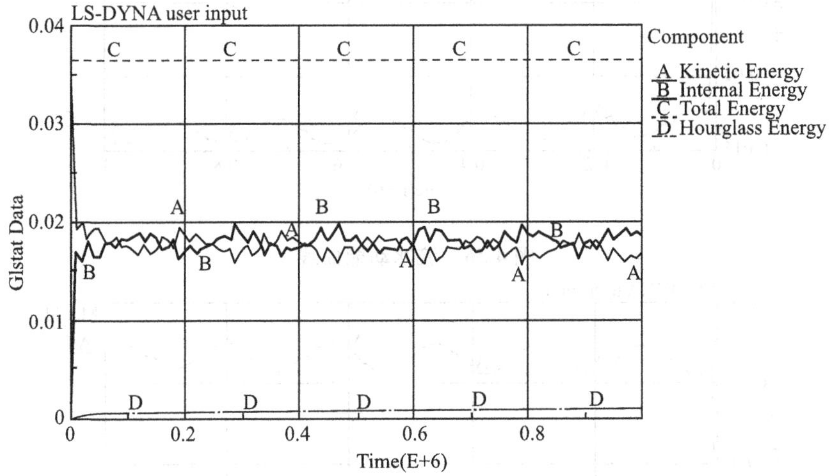

图 4-35　碰撞过程能量变化图

4.4.2.1 流冰的动力分析

流冰在与丁坝发生撞击前，只具有初速度，所以只有动能，其对应的内部能量为0。在流冰与丁坝发生接触后，动能迅速下降，内能快速增大。大概在0.03s时，动能得出最小值，后面呈波动变化。与此同时，冰的内能在上升。冰的动能与内能如图4-36、图4-37所示。

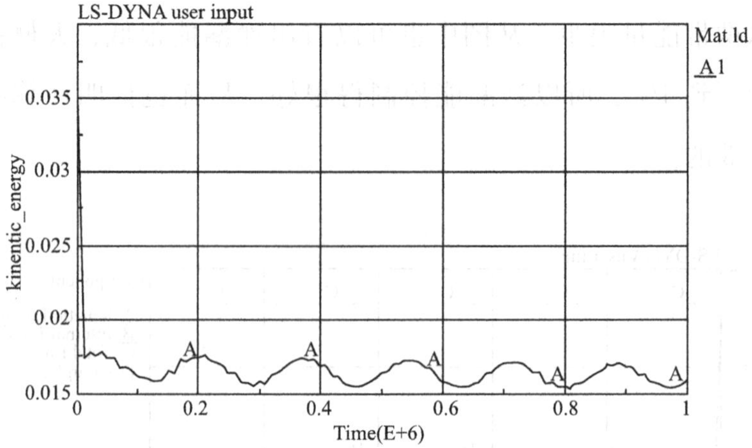

图4-36 流冰动能曲线

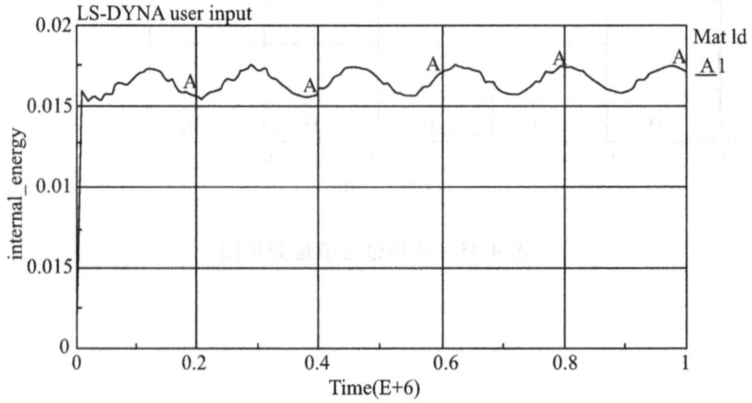

图4-37 流冰内能曲线

4.4.2.2 流冰三个方向撞击力分析

流冰撞击丁坝过程中，在 x、y、z 三个方向会产生对应的力的数值，一开始没有发生接触所以碰撞力为0，当发生接触后力的数值会增加，然后减小，最后到0结束。由于流冰沿着 x 轴与丁坝发生撞击，所以撞击力主要发生在 x 轴，所以 x 轴很大，y、z 轴的撞击力非常小，计算结果符合实际。如图4-38至图4-40所示。

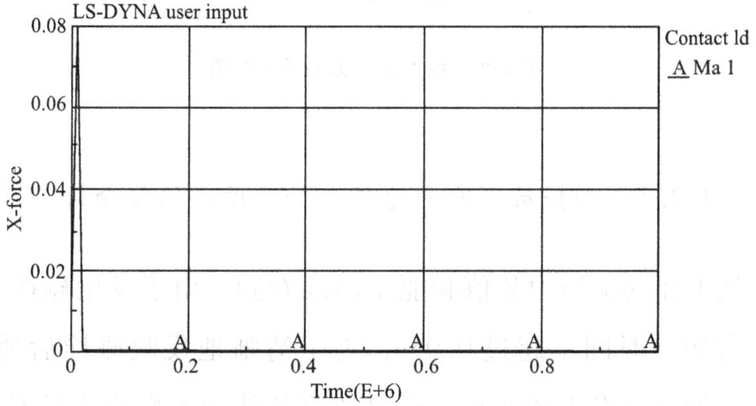

图4-38 流冰沿X方向撞击数值

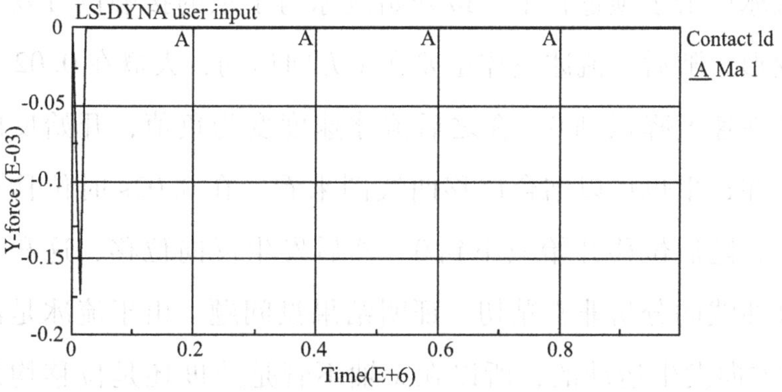

图4-39 流冰沿Y方向撞击数值

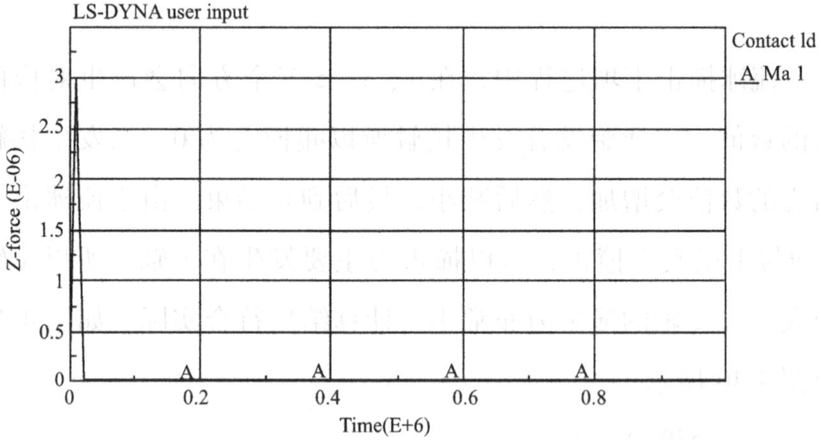

图 4-40　流冰沿 Z 方向撞击数值

4.4.2.3　碰撞后流冰的速度、加速度、位移分析

从上面的碰撞力数值和能量曲线看到，由于发生碰撞的时间非常短，时间不超过 0.05s，为了清晰地反映碰撞后速度、位移、加速度发生的变化。在保持原条件均不变的情况下，只是单纯改变计算时间，这里又计算了一个 0.05s 的碰撞过程。在流冰撞击丁坝过程中，最开始流冰与丁坝的接触位置发生局部变形，随后，流冰整体主要在 x 方向运动，大概在 0.02s 时，流冰在速度降低到 0，在之后流冰速度变为负值，开始反向运动。在这里也可以结合位移曲线图来看，在 0.02s 时位移达到最大，随后位移开始减小到 0，然后发生反向位移，这和上面速度曲线的分析非常贴切，证明结果没问题。由于流冰是沿着 x 轴方向发生运动的，所以在 x 轴不管是速度还是位移均发生较大变化。而 y、z 轴在速度和位移上变化较小，结果符合实际

碰撞过程。

至于加速度，同样的分析过程，在发生碰撞的瞬间，加速度正向达到最大，然后速度急剧下降，加速度自然会反向急速上升来降低速度，最后趋于平稳时，速度最终变为0。由于流冰沿着X轴发生运动，所以加速度发生变化也主要集中在x轴，y、z轴变化很小。速度、位移、加速度沿x、y、z三个方向随时间变化如图4-41至图4-43所示。

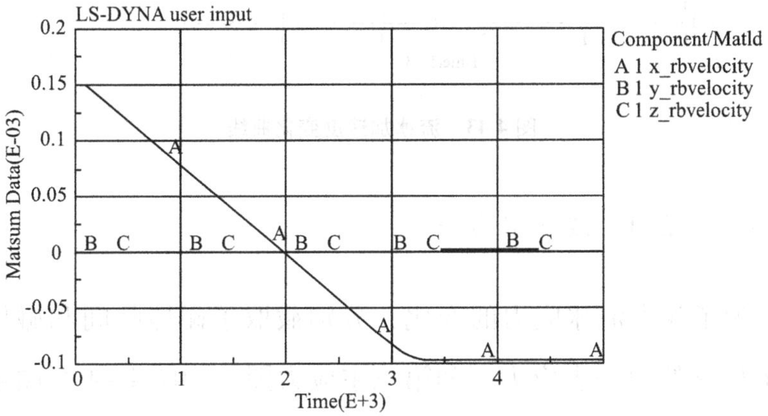

图4-41 流冰速度变化曲线

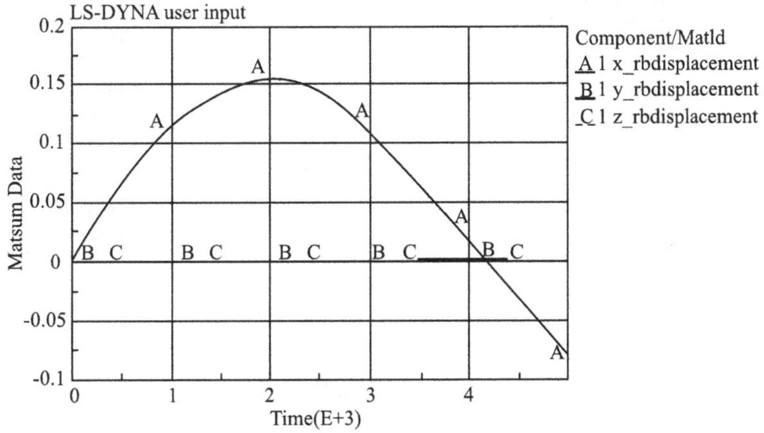

图4-42 流冰位移变化曲线

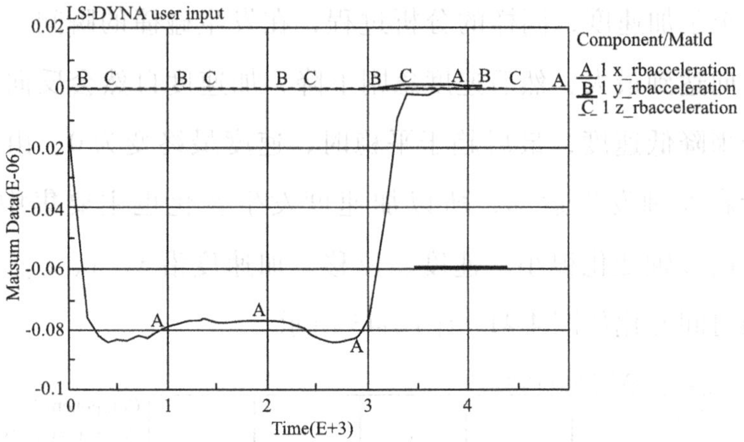

图 4-43　流冰加速度变化曲线

4.4.2.4　流冰应力分析

为了观察流冰应力的变化，分别截取了碰撞瞬间和碰撞结束4.0ms 的第一主应力图和第三主应力图，如图4-44 至图4-47 所示。

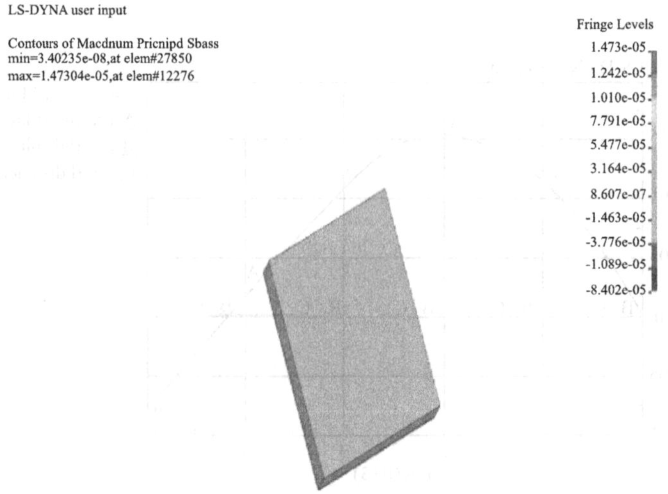

图 4-44　碰撞瞬间第一主应力

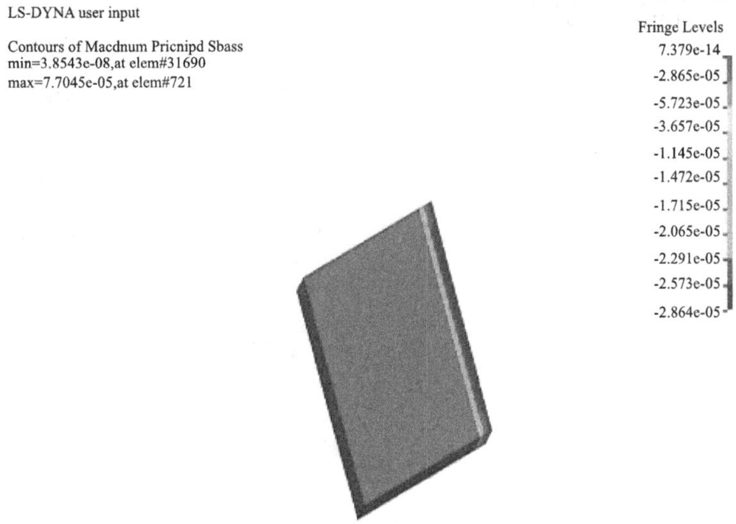
LS-DYNA user input
Contours of Macdnum Pricnipd Sbass
min=3.8543e-08,at elem#31690
max=7.7045e-05,at elem#721
Fringe Levels
7.379e-14
-2.865e-05
-5.723e-05
-3.657e-05
-1.145e-05
-1.472e-05
-1.715e-05
-2.065e-05
-2.291e-05
-2.573e-05
-2.864e-05

图 4-45　碰撞瞬间第三主应力

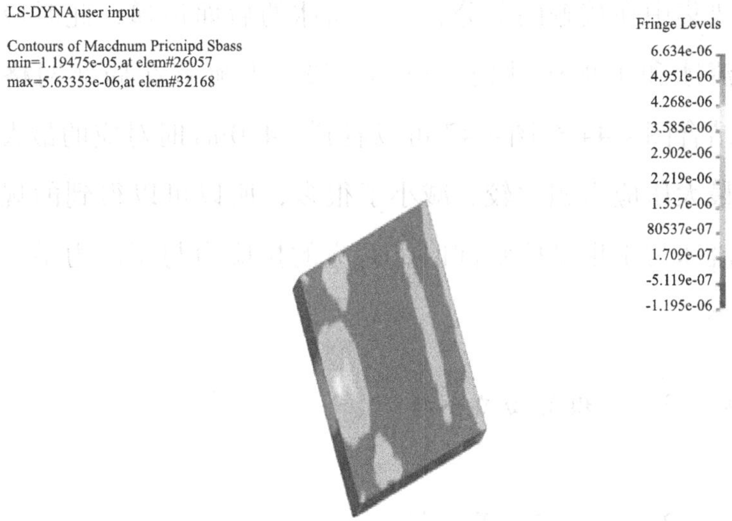
LS-DYNA user input
Contours of Macdnum Pricnipd Sbass
min=1.19475e-05,at elem#26057
max=5.63353e-06,at elem#32168
Fringe Levels
6.634e-06
4.951e-06
4.268e-06
3.585e-06
2.902e-06
2.219e-06
1.537e-06
80537e-07
1.709e-07
-5.119e-07
-1.195e-06

图 4-46　4.0ms 时流水第一主应力

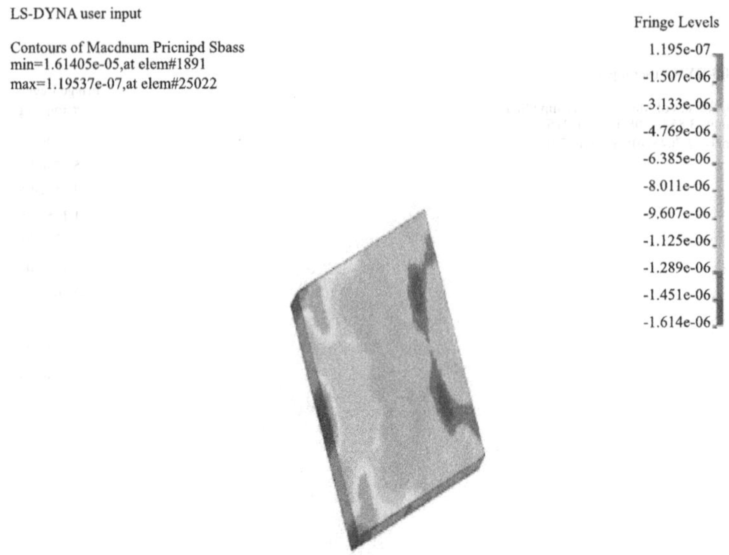

图 4-47　4. 0ms 时流水第三应力图

从图 4-44、图 4-45 可以看到，流冰撞击丁坝瞬间，应力分布主要集中在接触的部分，然后向冰的后面传递，此时应力集中在流冰和丁坝接触处的很小一段，大概就在局部网格加密处。结合图 4-44 至图 4-47 可以看到，4. 0ms 时对应的最大拉应力与最大压应力相比较，减小了很多，所以可以得到的规律就是，流冰与丁坝碰撞瞬间时，对应的拉应力与压应力最大，之后减小。

4. 4. 3　丁坝的动力分析

4. 4. 3. 1　丁坝能量分析

流冰在与丁坝撞击前，丁坝主要承受着自身重力和上浮力和动水压力，由于此次研究的是横向撞击，所以竖向荷载重力和浮力影响非常小，所以可以忽略，至于动水压力，也非常小，可以忽略不计。所以丁坝与流冰在发生碰撞前，丁坝的动能和内能均为0。在碰撞瞬间，丁坝的动能和内能均有增加，随后丁坝在4.5ms时动能增加到最大，然后速度慢慢减小，丁坝动能也随之下降了，丁坝再被弹回，动能又有所上升，经过一系列波动后，动能降低到0。内能则一开始急剧上升，随后有所下降。当动能消失后，内能稳定在一个值结束。由于开始计算为1s，步长为0.01s，步长分得太细，丁坝内能与动能呈现那种密集波动图，所以此次截图选用了保持原条件不变的情况下，改变了计算时间为5ms的能量图，丁坝内能与动能如图4-48、图4-49所示。

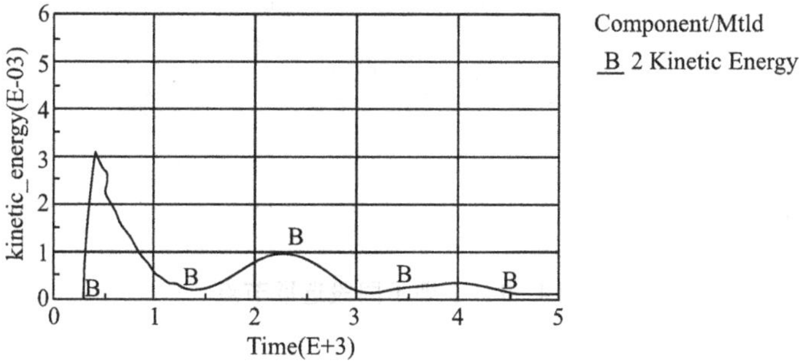

图4-48 丁坝动能曲线

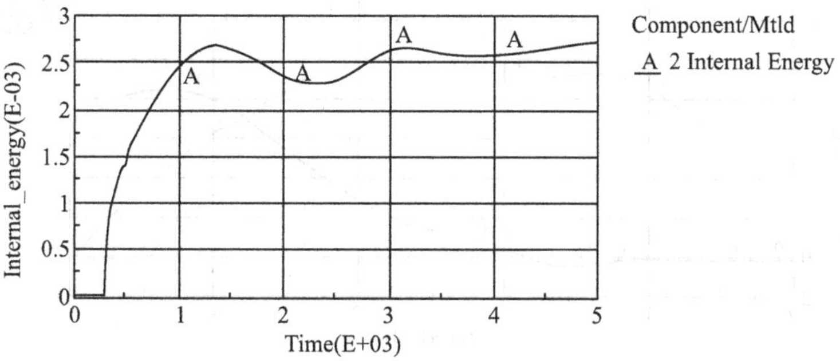

图4-49 丁坝内能曲线

4.4.3.2 丁坝不同段所对应的节点位移变化

丁坝与流冰在 x 轴发生碰撞瞬间，会发生变形，节点会产生位移值，由于此处为正碰，为了观察丁坝坝头、坝身、坝尾的节点位移在沿 x 轴发生变化状况，分别在丁坝与流冰碰撞瞬间时段在坝头、坝身、坝尾取一节点作图比较，如图 4-50 所示，沿 x 轴位移图像如图 4-51 所示。

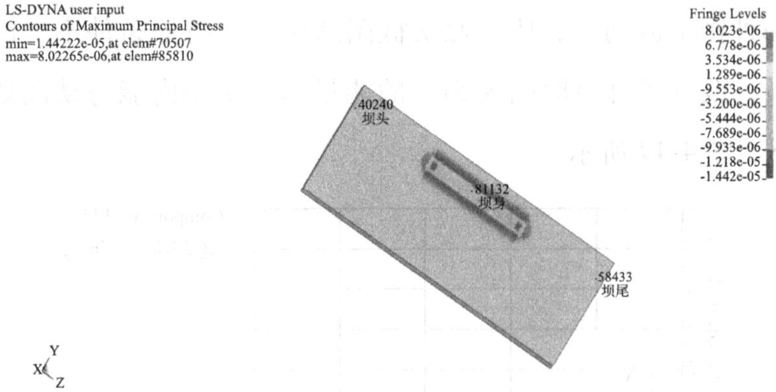

图 4-50 丁坝不同段选取节点

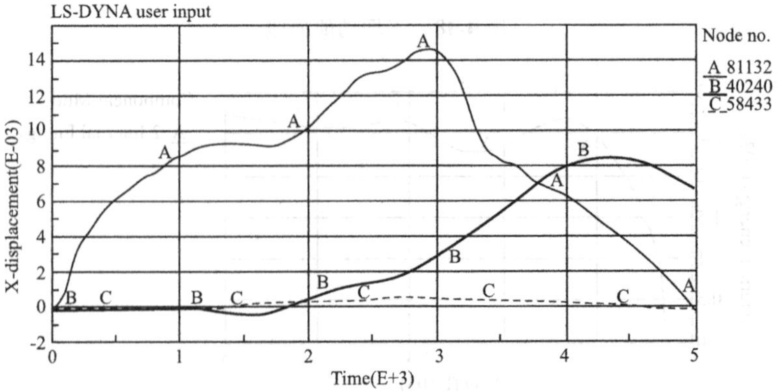

图 4-51 丁坝不同段沿 x 方向节点位移值

从图中可以得出，流冰与丁坝接触部分的81132号节点单元在发生碰撞瞬间位移值最大，经过一段波动，位移值减少。坝头40240号节点位移一开始没有变化，在接触位置发生一段位移后，坝头节点开始发生位移，但远远小于接触位置的位移值。坝尾节点号58433由于坝底和坝尾为固定端全约束，所以位移微乎其微，几乎为0。经上总结出，流冰与丁坝碰撞瞬间，接触部分的节点法发生位移较大，其次坝头发生轻微位移。坝尾几乎没有位移变化。

4.4.3.3 丁坝应力分析

丁坝在未被碰撞时，主要受到重力、上浮力、水压力。但是这些力相对较小，本文忽略。但发生撞击时，流冰在撞击丁坝过程中丁坝的应力在不断变化。如图4-52、图4-53为流冰撞击丁坝开始丁坝所承受的应力云图。

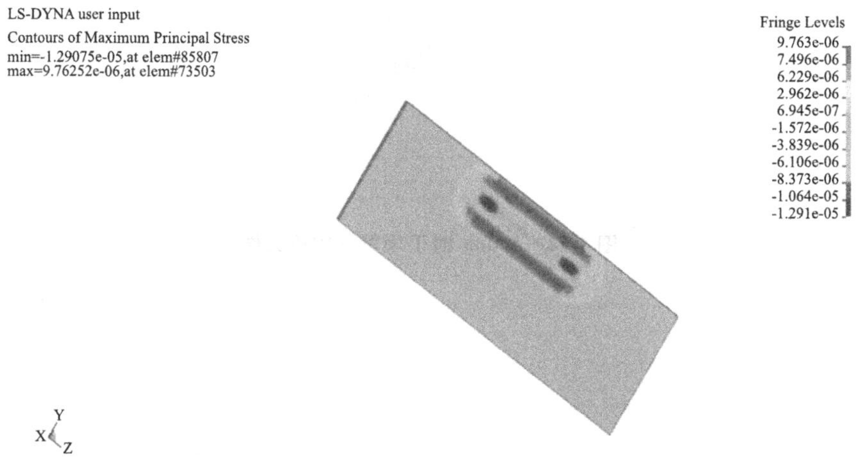

图4-52 碰撞瞬间第一主应力

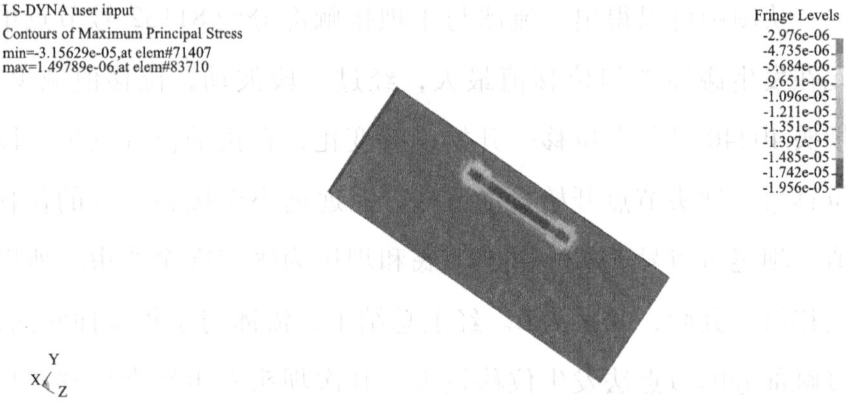

图 4-53　碰撞瞬间第三主应力

在碰撞后 4ms 时，丁坝应力云图如图 4-54、图 4-55 所示。

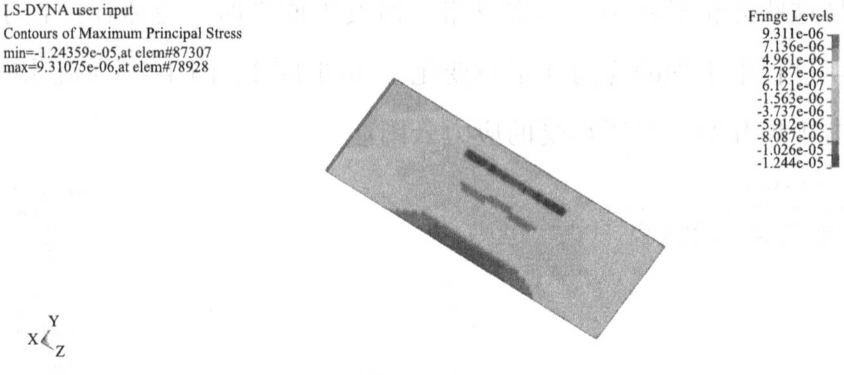

图 4-54　4.0ms 时丁坝第一主应力图

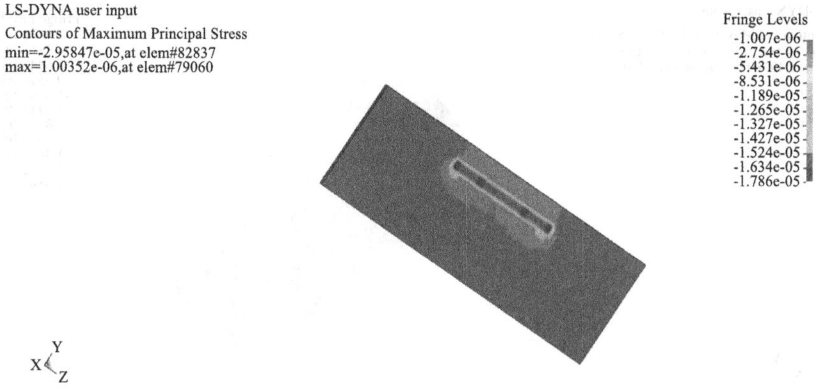

图 4-55 4.0ms 时丁坝第三主应力图

从图中得到，流冰刚与丁坝撞击时所承受的最大拉应力和最大压应力最大，随后双应力开始减少。

当发现流冰撞击丁坝瞬间，丁坝所承受的压应力和剪应力最大。为了检查丁坝是否被撞坏，通过 LS-dyna 找到了承受应力值的最大单元。该单元所承受的最大压应力、最大剪应力如图 4-56、图 4-57 所示，其中最大压应力为 1.95×10^7Pa，小于混凝土的屈服应力 2.9×10^7Pa，此单元的最大剪应力为 1.16×10^7Pa 力为，小于混凝土极限剪应力 1.44×10^7Pa，所以丁坝没有被撞击坏。

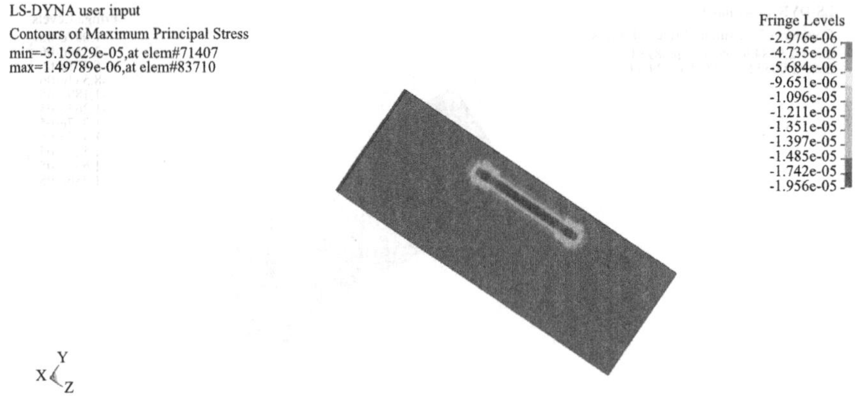

图 4-56　丁坝所承受的最大压应力应力图

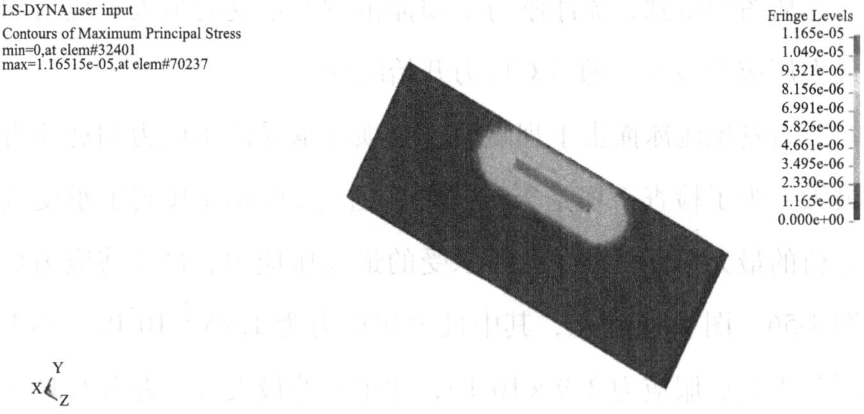

图 4-57　丁坝所承受的最大剪应力应力图

4.4.4　不同厚度的流冰冰力值分析

冰的薄厚对冰撞击过程产生的冰压力大小不同。冰的厚度不同，在发生撞击时，对应所产生的冰压力就不同，为了找出冰的厚度对撞击时冰压力的数值变化。所以此处又分别计算了在速度固定为 1.5m/s，尺寸为 400cm × 300cm × 10cm、400cm

×300cm×20cm、400cm×300cm×30cm、400cm×300cm×40cm四种长宽相同、厚度不同的流冰分别撞击该丁坝，并观测冰力值数值变化。从中找出不同厚度的流冰在撞击时产生冰力值的规律。冰压力值如图4-58至图4-61所示。

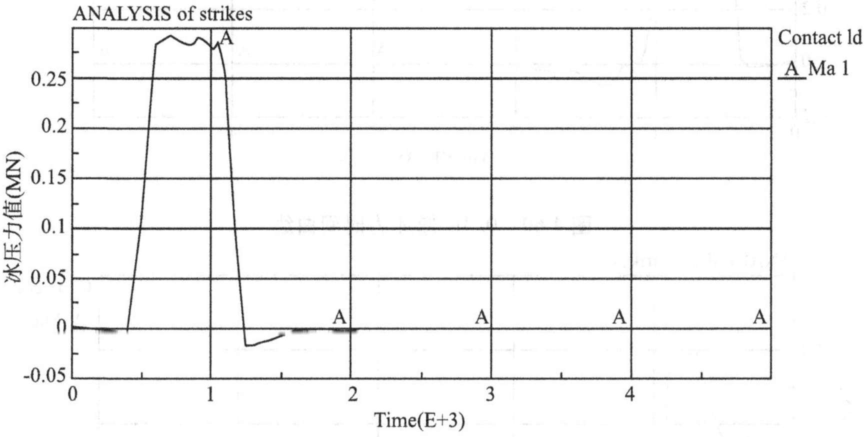

图4-58 0.1m厚冰力时间曲线

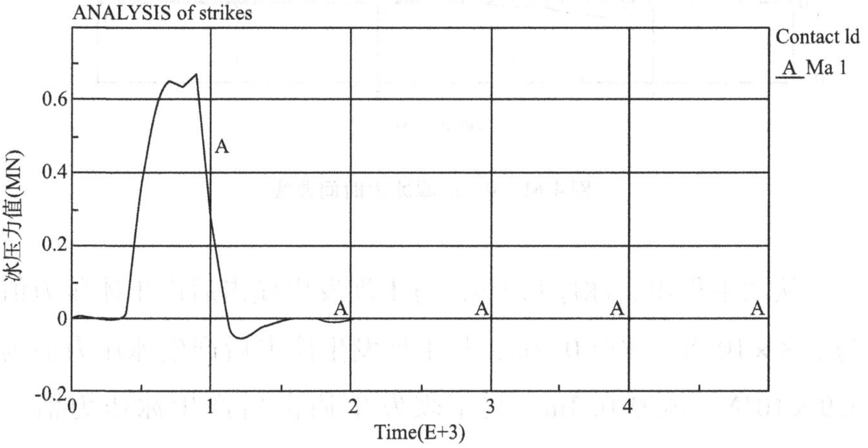

图4-59 0.2m厚冰力时间曲线

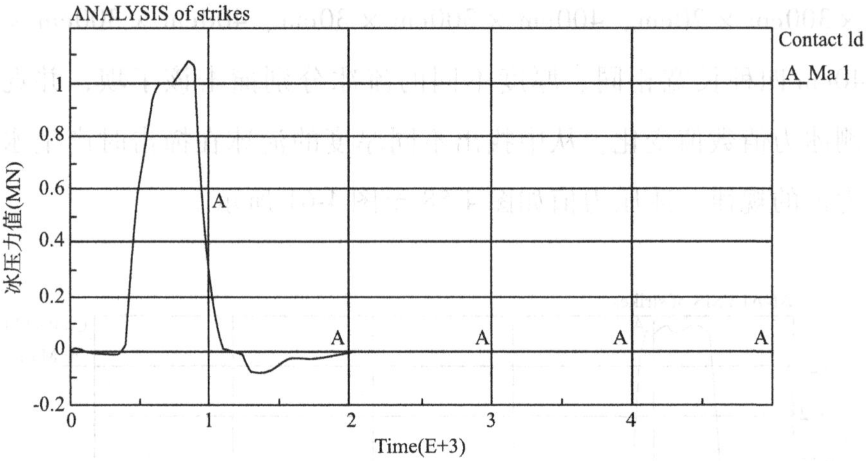

图 4-60　0.3m 厚冰力时间曲线

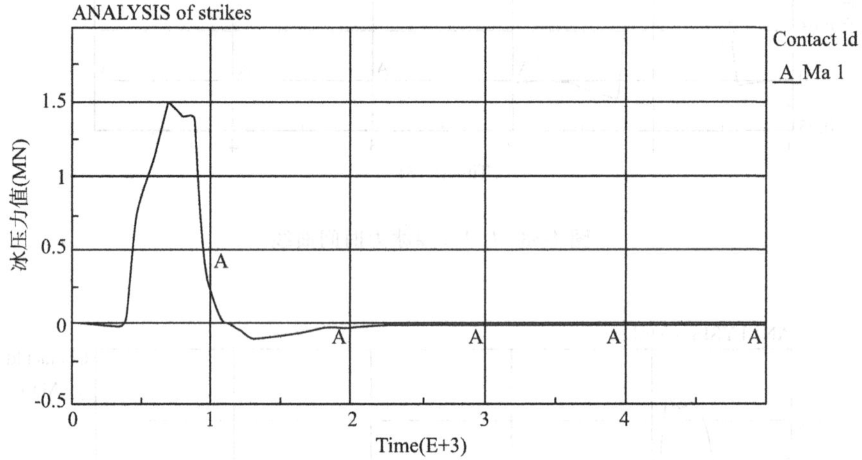

图 4-61　0.4m 厚冰力时间曲线

从图中得出，冰厚0.1m，与丁坝发生撞击后产生冰压力值为2.8×10^5N。冰厚0.2m，与丁坝发生撞击后产生冰压力值为6.9×10^5N。冰厚0.3m，与丁坝发生撞击后产生冰压力值为1.1×10^6N。冰厚0.4m，与丁坝发生撞击后产生冰压力值为1.5×10^6N。总结得到折线图如图4-62所示。

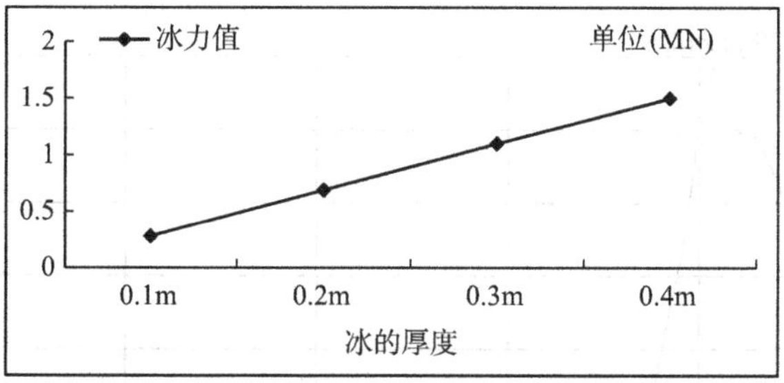

图 4-62　不同厚度流冰冰压力值变化趋势图

经上总结，在速度一定条件下，冰压力数值随着冰厚增大而增大。

4.4.5　速度对冰撞击丁坝过程产生冰压力的变化规律

流冰的速度对冰在撞击过程产生的冰压力影响非常大，流冰的速度不同，则流冰与丁坝撞击对应所产生的冰压力就不同，所以以处又分别计算了流冰尺寸为 400cm × 300cm × 20cm 作为固定值，以 1.0m/s、1.2m/s、1.5m/s、1.8m/s 的速度值分别撞击该丁坝，进而总结出相同尺寸的流冰以不同速度撞击丁坝产生冰力值的大小规律。冰压力值如图 4-63 至图 4-66 所示。

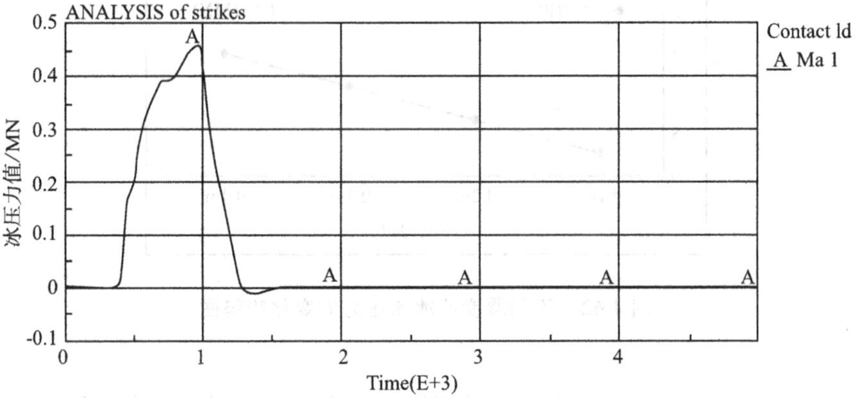

图 4-63　速度为 1.0m/s 冰力值变化线

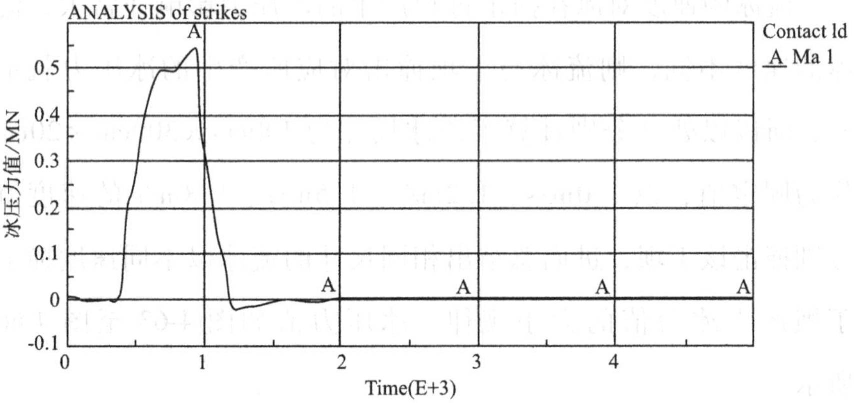

图 4-64　速度为 1.2m/s 冰力值变化线

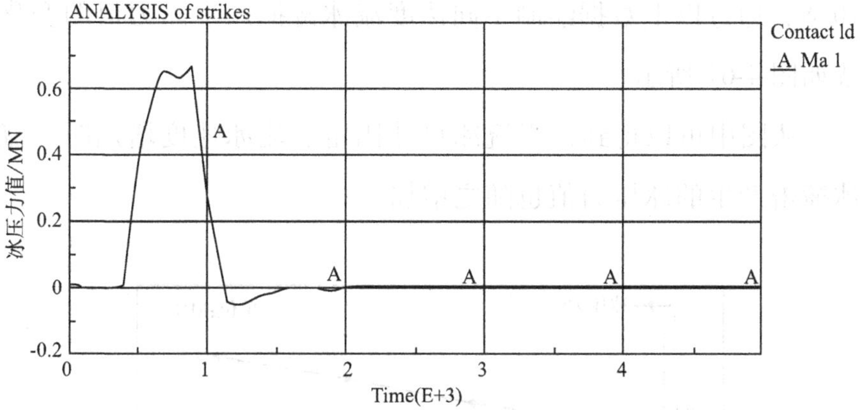

图 4-65 速度为 1.5m/s 冰力值变化线

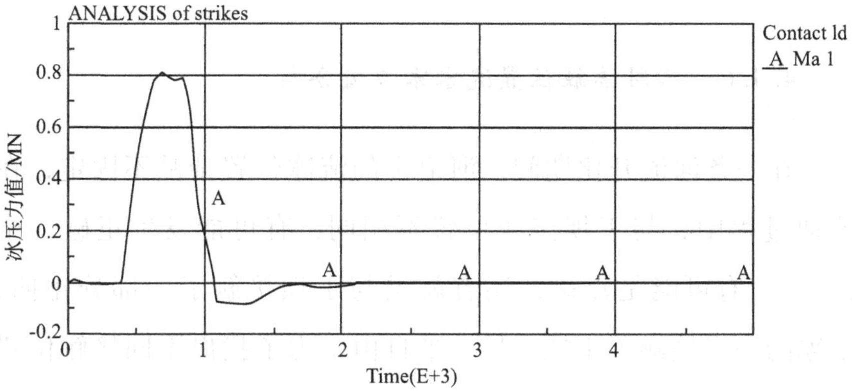

图 4-66 速度为 1.8m/s 冰力值变化线

如图所示，当速度为 1.0m/s 时，对应的最大冰压力值为 4.5×10^5N，当速度为 1.2m/s 时，对应的最大冰压力值为 5.5

$\times 10^5$N，当速度为 1.5m/s 时，对应的最大冰压力值为 6.9 × 10^5N，当速度为 1.8m/s 时，对应的最大冰压力值为 8.1 × 10^5N，通过以上数据绘制不同速度流冰碰撞产生冰力值的变化线如图 4-67 所示。

从图中可以得到，当流冰尺寸固定、流冰速度增加时，流冰撞击产生的冰压力值也随之增加。

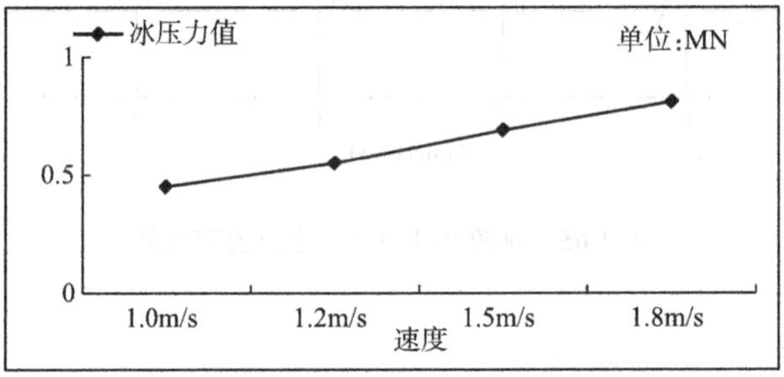

图 4-67 冰压力值随速度变化曲线

4.4.6 不同接触位置流冰冰力值分析

在一条河流开化期间，河道中的流冰位置杂乱不固定，在流动过程中，与丁坝接触位置不相同，有可能发生正碰（全碰），也有可能是点碰，还有就是与丁坝接触了一部分碰撞，如冰的一半接触了丁坝，另一半自由。为了找出不同接触位置对流冰撞击力的数值大小规律，分别对第五章的三种接触方式进行了计算。冰块的大小为 400cm × 300cm × 30cm，以 1.5m/s 的速度撞击丁坝，冰力值大小如图 4-68 至图 4-70 所示。

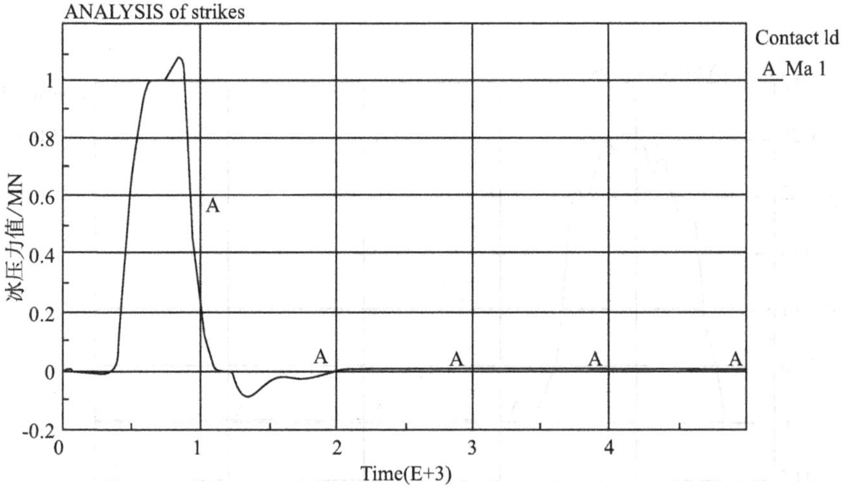

图 4-68　正碰冰力值

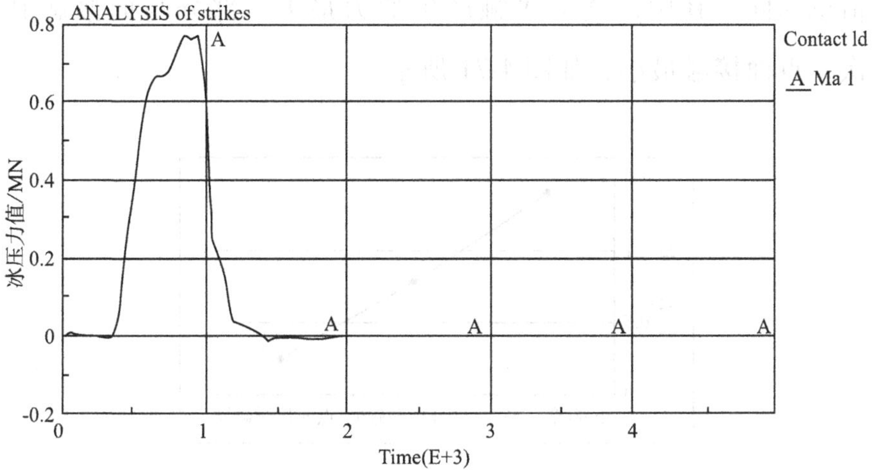

图 4-69　部分碰冰力值

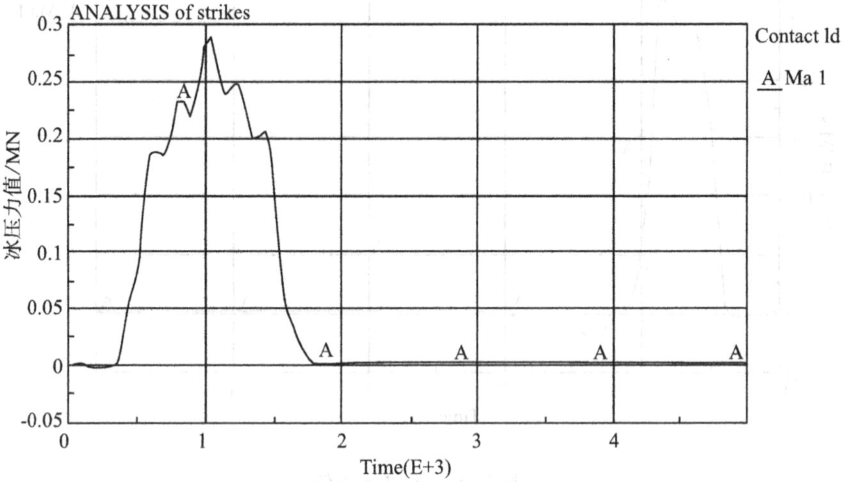

图 4-70　点碰冰力值

从图中可以得到，流冰与丁坝接触位置不同，产生的冰力值也不同。其中，全部接触产生的力最大，部分与面接触其次，点面接触最小，如图 4-71 所示。

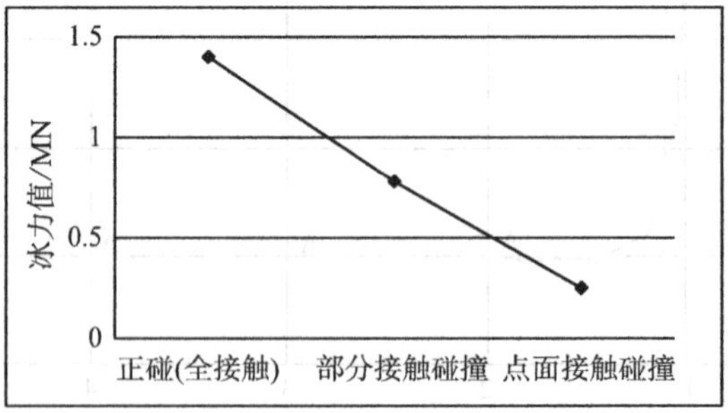

图 4-71　不同接触位置冰力值曲线

4.4.7 对冰凌减灾的应用价值

冬季刚结冰和春季开化时节，在河道中会漂浮许多的大块流冰，这些冰块撞击到河道中的丁坝，会产生非常大的撞击力，致使丁坝产生破坏，失去其自身水工建筑物的作用。所以为了减少或防止流冰对丁坝撞击产生的破坏作用，除了在丁坝自身选择抗冲击较强的材料外，目前国内最常用的就是对大块冰进行爆破处理。在进行爆破前，要确定什么尺寸的流冰会对丁坝产生威胁，尺寸固定，什么样速度的流冰会对丁坝产生威胁。这是减少或防止流冰灾害，保护丁坝等整治建筑物问题的关键。

4.4.7.1 确定速度厚度固定的流冰撞坏丁坝最小尺寸

当水深为250cm，流冰的速度设为1.5m/s，丁坝坝高300cm，坡度比为1：1，长800cm，碰撞部位为正碰，破坏形式主要为剪切破坏。通过LS-dyna软件观察例如图4-22、图4-23的最大压应力和最大剪切应力云图，此时来确定能撞坏丁坝的最小流冰尺寸（厚度一定，长宽改变）。从中得到了如下的分析数据的结果：

当流冰尺寸为400cm×400cm×30cm时，流冰以1.5m/s的速度撞击丁坝，丁坝所承受的最大压应力为2.17×10^7Pa，小于混凝土丁坝所能承受最大的屈服应力2.9×10^7Pa，丁坝承受的最大剪切应力为1.22×10^7Pa，小于混凝土丁坝的最大剪切应力1.44×10^7Pa，此时丁坝没有发生任何破坏。

当流冰尺寸为 500cm × 400cm × 30cm 时，流冰以 1.5m/s 的速度撞击丁坝，丁坝所承受的最大压应力为 2.49×10^7Pa，小于混凝土丁坝所能承受最大的屈服应力 2.9×10^7Pa，丁坝承受的最大剪切应力为 1.31×10^7Pa，小于混凝土丁坝的最大剪切应力 1.44×10^7Pa，此时丁坝没有发生任何破坏。

当流冰尺寸为 500cm × 500cm × 30cm 时，流冰以 1.5m/s 的速度撞击丁坝，丁坝所承受的最大压应力为 2.76×10^7Pa，小于混凝土丁坝所能承受最大的屈服应力 2.9×10^7Pa，丁坝承受的最大剪切应力为 1.41×10^7Pa，小于混凝土丁坝的最大剪切应力 1.44×10^7Pa，此时丁坝没有发生任何破坏。

当流冰尺寸为 600cm × 500cm × 30cm 时，流冰以 1.5m/s 的速度撞击丁坝，丁坝所承受的最大压应力为 3.18×10^7Pa，大于混凝土丁坝所能承受最大的屈服应力 2.9×10^7Pa，丁坝承受的最大剪切应力为 1.74×10^7Pa，大于混凝土丁坝的最大剪切应力 1.44×10^7Pa，此时混凝土丁坝发生破坏。

通过计算数据可得，当流冰速度为 1. 5m/s 时，不同尺寸冰撞击冰坝产生的应力值见表 4-1。

表 4-1 速度 1.5m/s 时不同尺寸冰撞击丁坝产生的应力值

尺寸	屈服应力	剪切应力	允许屈服应力（MAX）	允许剪切应力（MAX）
400cm × 400cm × 30cm	2.17×10^7 Pa	1.22×10^7 Pa	2.9×10^7 Pa	1.45×10^7 Pa
500cm × 400cm × 30cm	2.49×10^7 Pa	1.31×10^7 Pa		
500cm × 500cm × 30cm	2.76×10^7 Pa	1.41×10^7 Pa		
600cm × 500cm × 30cm	3.18×10^7 Pa	1.74×10^7 Pa		

4.4.7.2 确定尺寸固定的流冰撞坏丁坝的最小速度

当流冰尺寸为 400cm × 400cm × 30cm 时，流冰以 1.5m/s 的速度撞击丁坝，丁坝所承受的最大压应力为 2.17×10^7Pa，小于混凝土丁坝所能承受最大的屈服应力 2.9×10^7Pa，丁坝承受的最大剪切应力为 1.22×10^7Pa，小于混凝土丁坝的最大剪切应力 1.44×10^7Pa，此时丁坝没有发生任何破坏。

当流冰尺寸为 400cm × 400cm × 30cm 时，流冰以 1.7m/s 的速度撞击丁坝时丁坝所承受的最大压应力为 2.34×10^7Pa，小于混凝土丁坝所能承受最大的屈服应力 2.9×10^7Pa，丁坝承受的最大剪切应力为 1.29×10^7Pa，小于混凝土丁坝的最大剪切应力 1.44×10^7Pa，此时丁坝没有发生任何破坏。

当流冰尺寸为 400cm × 400cm × 30cm 时，流冰以 2.0m/s 的速度撞击丁坝时丁坝所承受的最大压应力为 2.76×10^7Pa，小于混凝土丁坝所能承受最大的屈服应力 2.9×10^7Pa，丁坝承受的最大剪切应力为 1.40×10^7Pa，小于混凝土丁坝的最大剪切应力 1.44×10^7Pa，此时丁坝没有发生破坏。

当流冰尺寸为 400cm × 400cm × 30cm 时，流冰以 2.3m/s 的速度撞击丁坝时丁坝所承受的最大压应力为 2.96×10^7Pa，大于混凝土丁坝所能承受最大的屈服应力 2.9×10^7Pa，丁坝承受的最大剪切应力为 1.59×10^7Pa，大于混凝土丁坝的最大剪切应力 1.44×10^7Pa，此时丁坝发生破坏。

通过对以上数据归纳总结，见表 4-2。

表 4-2　尺寸为 400cm × 400cm × 30cm 的流冰以不同速度撞击丁坝产生应力值

速度	屈服应力	剪切应力	允许屈服应力（MAX）	允许剪切应力（MAX）
1.5m/s	2.17×10^7 Pa	1.22×10^7 Pa	2.9×10^7 Pa	1.45×10^7 Pa
1.7m/s	2.34×10^7 Pa	1.29×10^7 Pa		
2.0m/s	2.76×10^7 Pa	1.40×10^7 Pa		
2.3m/s	2.96×10^7 Pa	1.59×10^7 Pa		

4.5　不同工况下冰盖爆破的数值模拟

通过 ANSYS/LS-DYNA 软件建立冰体爆破模型，运用 LS/PREPOST 后处理程序系统分析了不同炸药埋深、不同装药量、不同冰厚等不同工况下冰体破坏的体积或直径。运用 ORIGN 绘图软件对比分析不同冰厚的最佳爆破位置，得出冰层厚度在 20～60cm 时，以水为约束介质的最佳爆破作用系数为 $K = R/H = 0.5 \sim 1$，冰层下药包接近爆炸的效果明显比冰层内（或冰面）药包爆破的效果好很多。数值模拟结果与现场试验结果表现出较好的一致性，通过模拟的不同工况下的爆破参数组建防凌爆破数据库，为设计方研发一系列不同防凌器材提供参考，对今后黄河不同凌灾运用不同的器材具有重要的现实意义。

通过 ANSYS/LS－DYNA 软件建立冰凌爆破数值模型，设定冰厚 10cm、20cm、30cm、40cm、50cm、60cm 等一系列不同地区的冰层，设定 1.2kg、2.4kg、4.8kg 等不同的装药量，设定 －30cm、－20cm、－10cm、0、10cm、20cm、30cm、40cm、50cm、60cm 等不同的炸药埋深，运用 ANSYS/LS-DYNA 和

ORIGN 软件系统地对比计算分析得出一系列爆破参数，并与现场试验进行对比，验证了数值模型结果的可靠准确性，从而为组建冰凌爆破参数数据库奠定了基础，为爆破防凌器材的设计方提供了不同凌灾程度的爆破器材设计参数，以供他们制造一系列的防凌爆破器材，降低了防凌成本，而且破冰效果好，对周围的水工建筑物不会造成损害，具有重要的社会经济意义。

运用 ANSYS/LS-DYNA 和 ORIGN 绘图软件系统地对比计算分析得出一系列爆破参数，观察冰体的爆炸特征，分析随着装药深度与冰厚变化时，最佳爆破点的变化规律，从而为聚能破冰器材延时起爆参数的设计提供理论依据。

4.5.1 模型尺寸

根据计算机的硬件配置计算反应速度，结合实际，通过尝试分析最终决定建立冰凌爆破模型。单元类型选用 ANSYS/LS-DYNA Explicit 3D Solid 164 三维实体单元。冰凌爆破模型有空气、冰、炸药、水四部分组成，总体模型大小为 1000cm × 1000cm × 200cm。基于爆破模型的对称性，笔者为了计算快捷，三维空气模型尺寸为 500cm × 500cm × 50cm，冰体为 500cm × 500cm × Xcm（X 取值为 10 ~ 60cm），水为 500cm × 500cm × 100cm，炸药为 Xcm × Xcm × Xcm（X 取值 10 ~ 20cm）。

4.5.2 材料参数

冰体爆炸模型中炸药选用高能炸药模型（Mat_ HIGH_ EXPLOSIVE_ BURN），高能炸药具体参数见表 4-3。

表 4-3 炸药材料参数

RO	D	PCJ	BETA	K	G	SIGY
1.0	0.55	0.15	0.0	0.0	0.0	0.0

4.5.3 冰体材料破碎过程及模拟结果

当炸药在冰体上面、冰体内或冰体下面（水中）发生爆炸后，短时间内会产生很强爆炸冲击波、气泡，使目标冰体受到一定程度的破坏甚至全部破碎，以下是不同冰厚、不同装药量、不同炸药埋深等不同工况下的具体冰凌爆破数值模拟过程。数值模拟结果对组建冰凌爆破参数数据库起到了很大支撑作用，并对冰凌爆破器材的设计研发奠定了理论基础，对黄河防凌及其他流域防治凌灾有很大的现实意义。

（1）设定冰厚 20cm，装药量 1.2kg、3kg、4.8kg。

当冰厚 20cm，装药量分别定为 1.2kg、3kg、4.8kg，装药深度分别设定为 -20cm、-10cm、0、10cm、20cm、30cm、40cm、50cm、60cm 等不同的炸药埋深（注：药包中心至冰层的距离以冰层下表面为测量零点，“+、-”分别表示药包位于测量零点之下或之上），部分冰体的破坏过程及数值模拟结果如图 4-72 所示。

（a）装药量 1.2kg、装药深度 -20cm

（b）装药量 1.2kg、装药深度 0cm

图 4-72 不同装药量、不同装药深度

（c）装药量 3kg、装药深度 -20cm

（d）装药量 3kg、装药深度 20cm

（e）装药量 3kg、装药深度 30cm

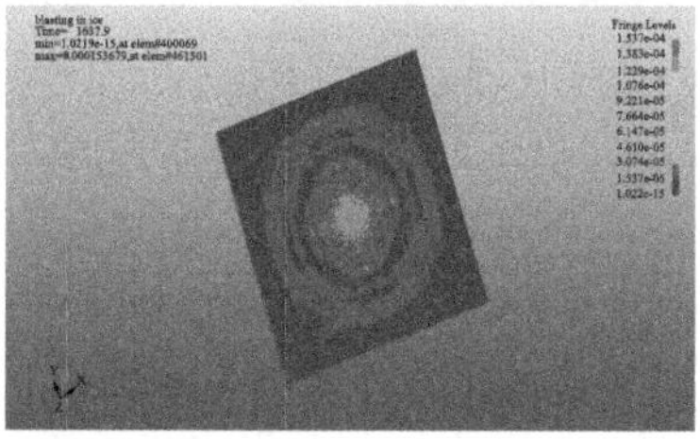

（f）装药量 4. 8kg、装药深度 -20cm

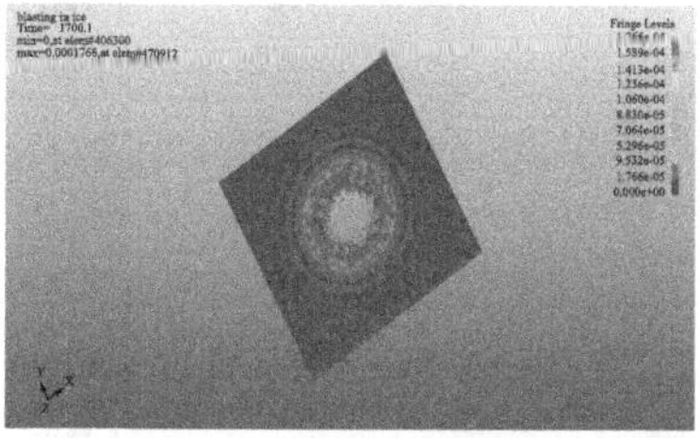

（g）装药量 4. 8kg、装药深度 20cm

（h）装药量 4. 8kg、装药深度 30cm

图 4-72　不同装药量、不同装药深度（续）

（2）设定冰厚 30cm，装药量 1. 2kg、3kg、4. 8kg。

当冰厚 30cm，装药量分别定为 1. 2kg、3kg、4. 8kg，装药深度分别设定为 -30cm、 -20cm、 -10cm、0、10cm、20cm、30cm、、40cm、50cm、60cm 等不同的炸药埋深，部分冰体的破坏过程及数值模拟结果如图 4-73 所示。

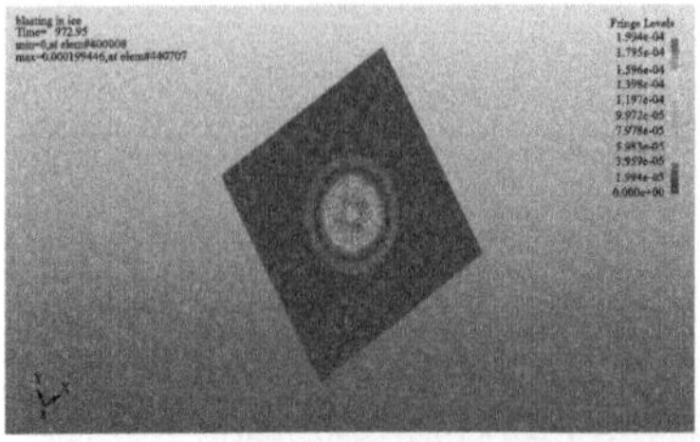

（a）装药量 1.2kg、装药深度 -20cm

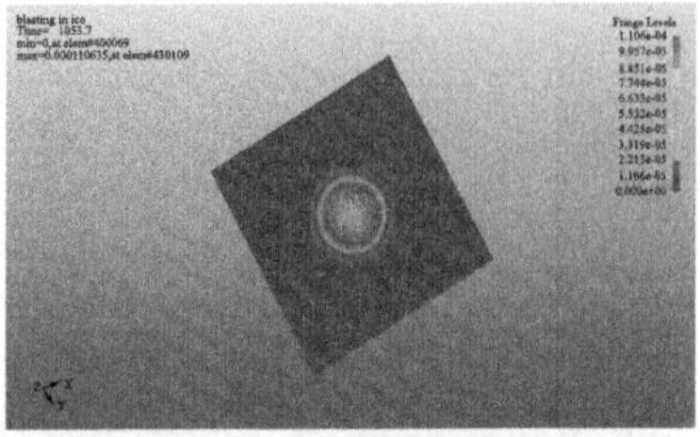

（b）装药量 1.2kg、装药深度 0cm

（c）装药量 3kg、装药深度 -20cm

（d）装药量 3kg、装药深度 20cm

（e）装药量 3kg、装药深度 30cm

（f）装药量 4.8kg、装药深度 -20cm

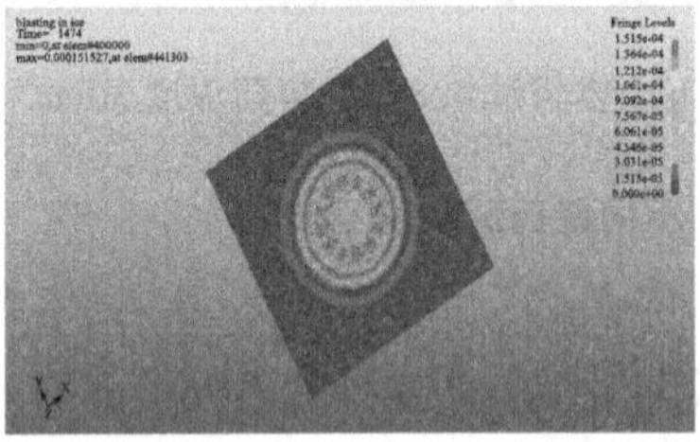

（g）装药量 4.8kg、装药深度 20cm

（h）装药量 4.8kg、装药深度 30cm

图 4-73　不同装药量、不同装药深度

（3）设定冰厚 40cm，装药量 1.2kg、3kg、4.8kg。

当冰厚 40cm，装药量分别定为 1.2kg、3kg、4.8kg，装药深度分别设定为 -30cm、-20cm、-10cm、0、10cm、20cm、

30cm、、40cm、50cm、60cm 等不同的炸药埋深，部分冰体的破坏过程及数值模拟结果如图 4-74 所示。

（a）装药量 1.2kg、装药深度 -20cm

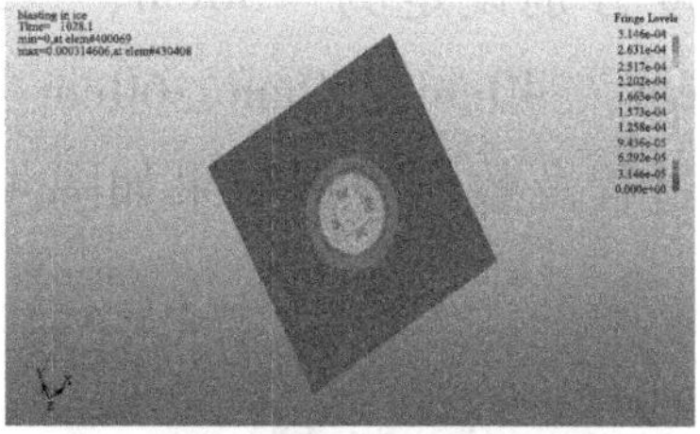

（b）装药量 1.2kg、装药深度 0cm

（c）装药量 3kg、装药深度 -20cm

（d）装药量 3kg、装药深度 20cm

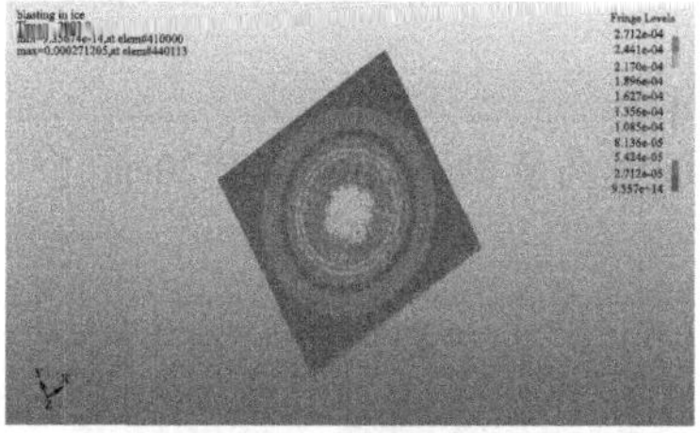

（e）装药量 3kg、装药深度 30cm

（f）装药量 4.8kg、装药深度 -20cm

（g）装药量 4.8kg、装药深度 20cm

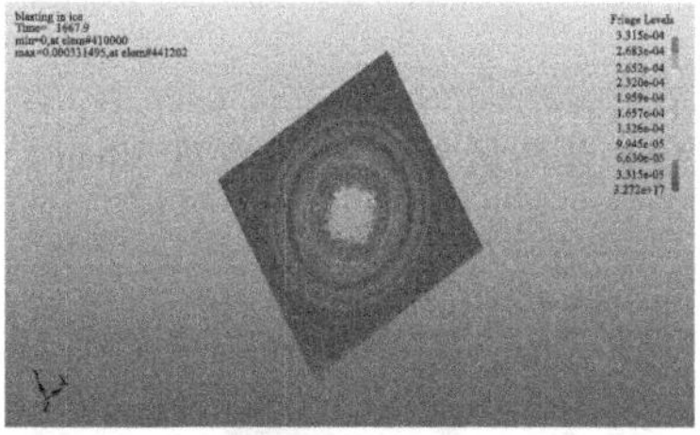

（h）装药量 4.8kg、装药深度 30cm

图 4-74　不同装药量、不同装药深度

（4）设定冰厚 50cm，装药量 1. 2kg、3kg、4. 8kg。

当冰厚 50cm，装药量分别定为 1. 2kg、3kg、4. 8kg，装药深度分别设定为 -30cm、-20cm、-10cm、0、10cm、20cm、30cm、、40cm、50cm、60cm 等不同的炸药埋深，部分冰体的破坏过程及数值模拟结果如图 4-75 所示。

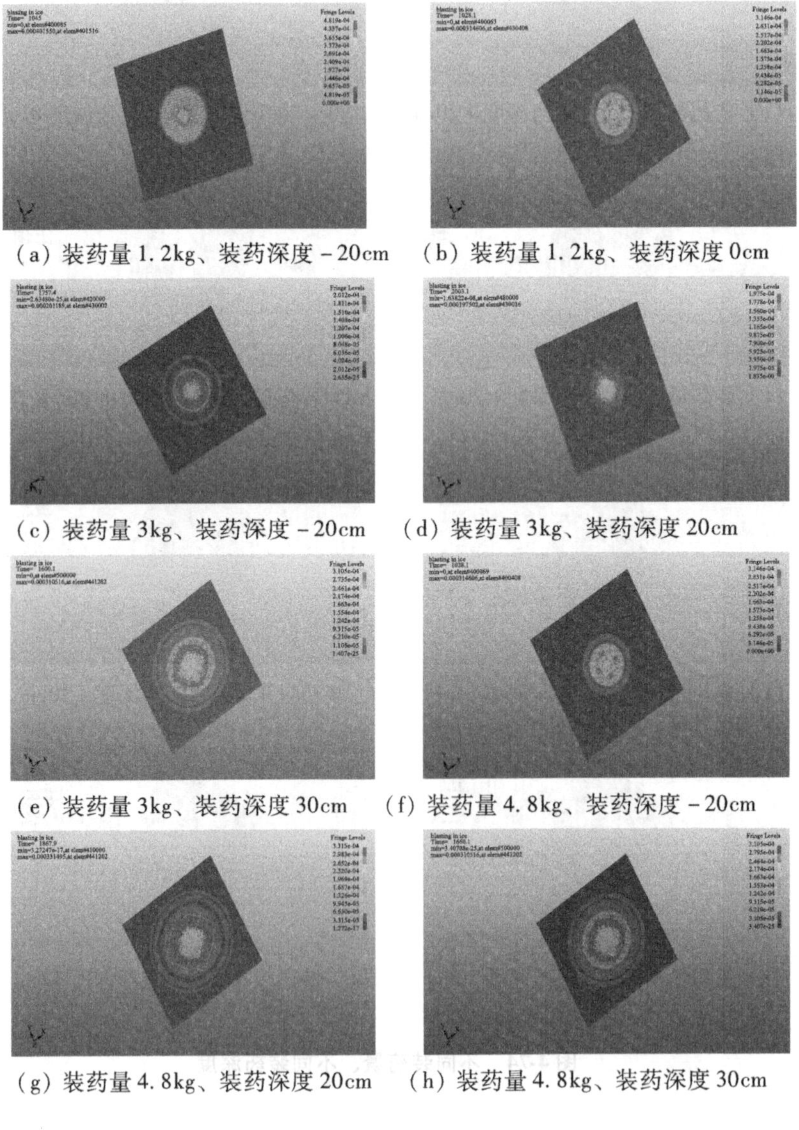

（a）装药量 1. 2kg、装药深度 -20cm（b）装药量 1. 2kg、装药深度 0cm

（c）装药量 3kg、装药深度 -20cm（d）装药量 3kg、装药深度 20cm

（e）装药量 3kg、装药深度 30cm（f）装药量 4. 8kg、装药深度 -20cm

（g）装药量 4. 8kg、装药深度 20cm（h）装药量 4. 8kg、装药深度 30cm

图 4-75　不同装药量、不同装药深度

（5）设定冰厚 60cm，装药量 1. 2kg、3kg、4. 8kg。

当冰厚 60cm，装药量分别定为 1. 2kg、3kg、4. 8kg，装药深度分别设定为 -30cm、 -20cm、 -10cm、0、10cm、20cm、30cm、、40cm、50cm、60cm 等不同的炸药埋深，部分冰体的破坏过程及数值模拟结果如图 4-76 所示。

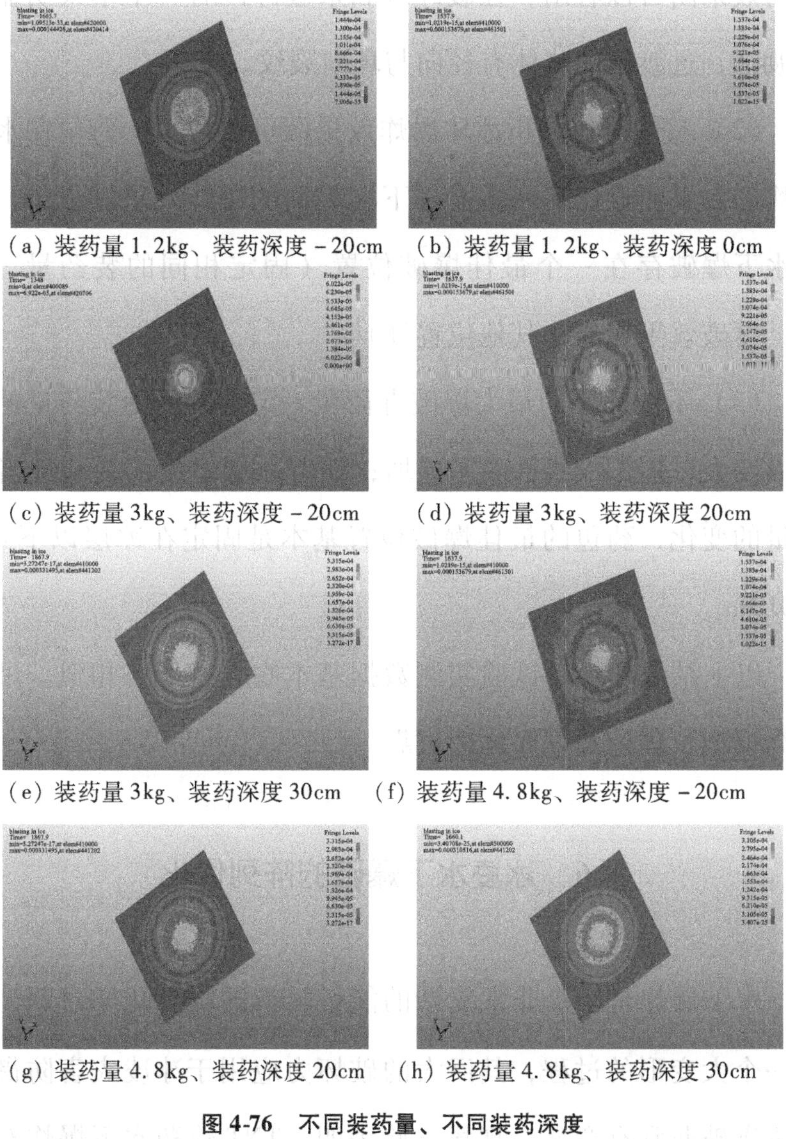

（a）装药量 1. 2kg、装药深度 -20cm　（b）装药量 1. 2kg、装药深度 0cm

（c）装药量 3kg、装药深度 -20cm　（d）装药量 3kg、装药深度 20cm

（e）装药量 3kg、装药深度 30cm　（f）装药量 4. 8kg、装药深度 -20cm

（g）装药量 4. 8kg、装药深度 20cm　（h）装药量 4. 8kg、装药深度 30cm

图 4-76　不同装药量、不同装药深度

由以上不同工况下爆炸数值模拟计算结果可得出以下结论。

（1）当装药量1.2kg、3kg、4.8kg时，从冰体上表面（冰体和空气交界面）爆炸和冰体下表面（冰水交界面）处发生爆破的效果图可以看出，在破碎区和未破碎区有一个不太明显的过渡区，过渡区的冰体有径向与环向裂纹。

（2）整体对比分析冰体爆炸效果图可以得出：药包在水下爆炸的效果明显比在冰体上（下）表面的爆炸效果好很多，且在水下爆破存在一个最佳爆破位置（固定相同的装药量、冰厚，爆破效果明显比其他位置好）。

（3）不同冰厚的最大爆破直径在一定范围内随装药量的增加而变大，但不成线性关系递增；随着冰层厚度的变化或者装药量的变化，药包的最佳爆破位置基本是固定在冰层以下0.2~0.3m。

以上结果和现场试验实测数据基本吻合，形态相似。可见计算模型、理论及程序比较可靠。

4.6 冰凌水下爆破的阵列优化

水下爆炸是一个非常复杂的能量转换的物理化学过程，也是一个大变形的过程，其巨大的破坏力应用于冰凌灾害防御的冰凌爆破非常有意义。现场试验表明，TNT炸药水下爆炸对于冰体的破坏足以达到防灾减灾的目的。

笔者对组合 TNT 炸药，进行了整个水下爆炸过程的数值模拟研究，对冰凌爆破领域内的爆破阵列进行了一定程度上的优化，从而为聚能随进破冰器材阵列布置的爆破技术提供理论指导。

应用 ANSYS/LS-DYNA 软件建立组合 TNT 炸药水下爆炸计算模型，数值模拟结果中的冲击波压力峰值时程曲线与经验公式计算值基本吻合，对于整个水下爆炸过程的数值模拟结果与现场试验的结果基本吻合。结合内蒙古包头市磴口河段冰凌爆破现场试验，探讨了有效爆破范围，破冰区域的直径与装药量、装药深度之间的关系；结合整个建模过程以及数值计算结果，探讨了材料模型选择、网格划分、边界条件、流固耦合算法以及模型算法对冲击波峰值压力、有效爆破范围等数值计算结果的影响；结合水下爆炸理论分析，探讨了库尔经验公式以及其他水下爆炸理论公式对于水下爆炸荷载计算的影响，进一步对整个模型的影响；结合组合 TNT 炸药水下爆炸数值模型，探讨了冰凌阵列爆破的可行性，并在理论和数值计算指导的基础上优化爆破参数，达到效果有效，成本合理的目的，从而为阵列爆破的聚能随进破冰器材研发提供依据。

（1）布点示意（图 4-77）。

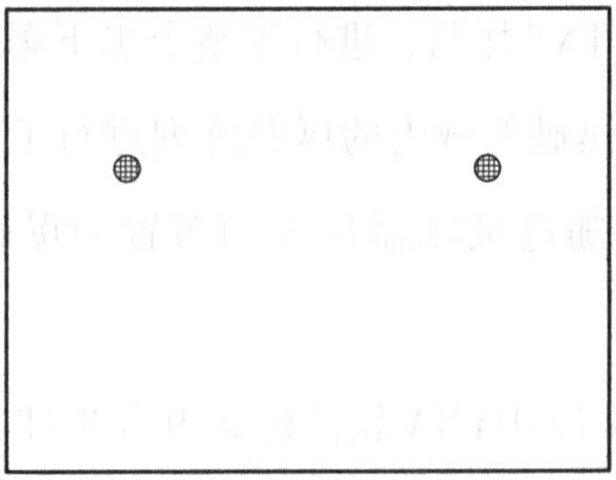

图 4-77　炸点位置示意

（2）冰体材料破碎过程。组合炸药在冰下处发生爆炸以后，产生冲击波、气泡，使目标冰体受到一定程度的破坏，冲击波的破坏起到了决定性作用，所以该无限水域近水爆炸模型模拟了整个过程，清晰地显示了冰体材料在水下非接触爆炸荷载作用下的破坏过程，如图 4-78 所示。

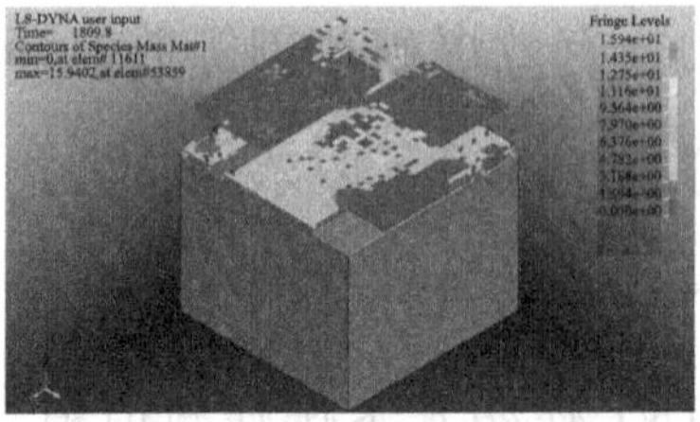

（1）$t=1810\mu s$

（2）$t=1820\ \mu s$

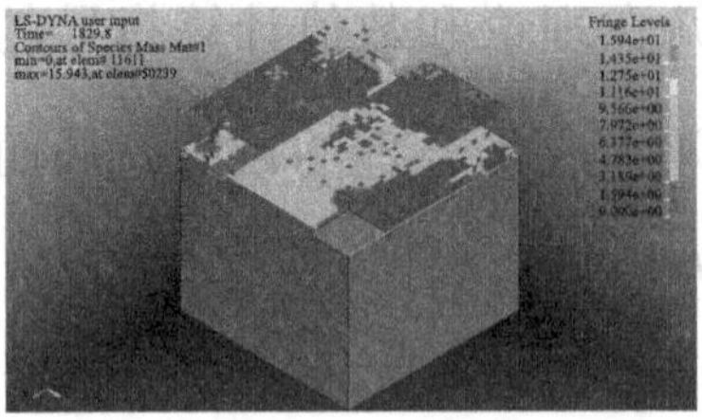

（3）$t=1830\mu s$

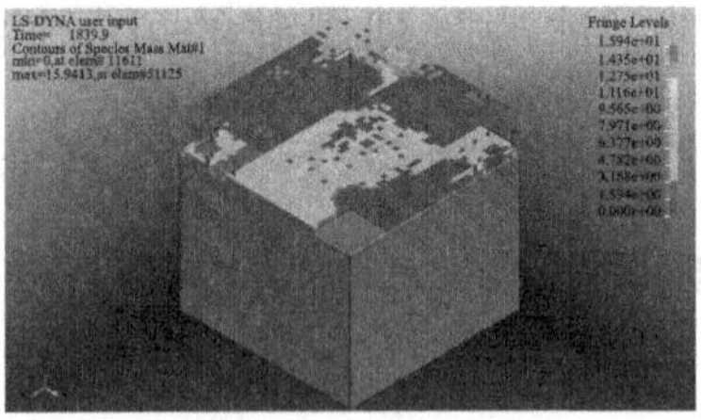

（4）$t=1840\ \mu s$

图 4-78　冰体材料破坏过程

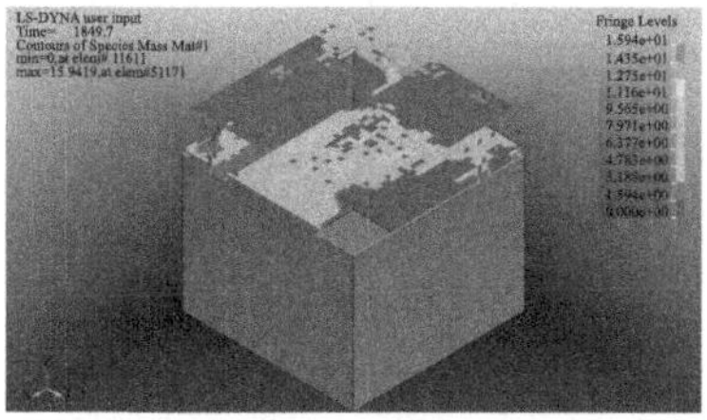

（5）$t=1850\mu s$

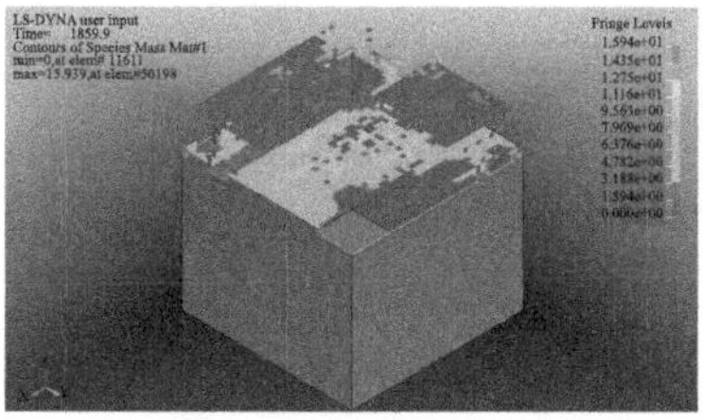

（6）$t=1860\ \mu s$

（7）$t=1870\mu s$

（8）$t=1880\ \mu s$

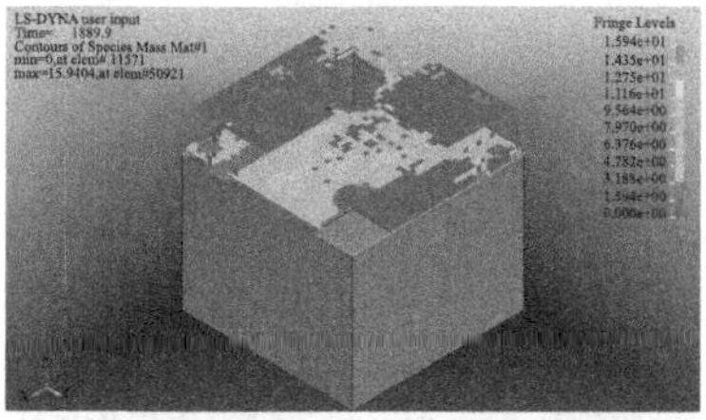

（9）$t=1890\mu s$

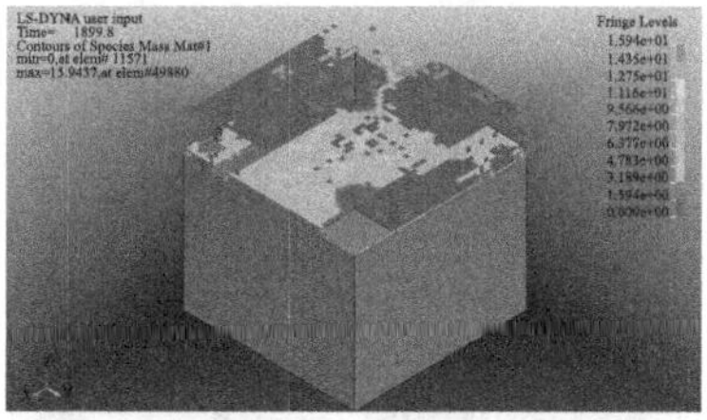

（10）$t=1900\ \mu s$

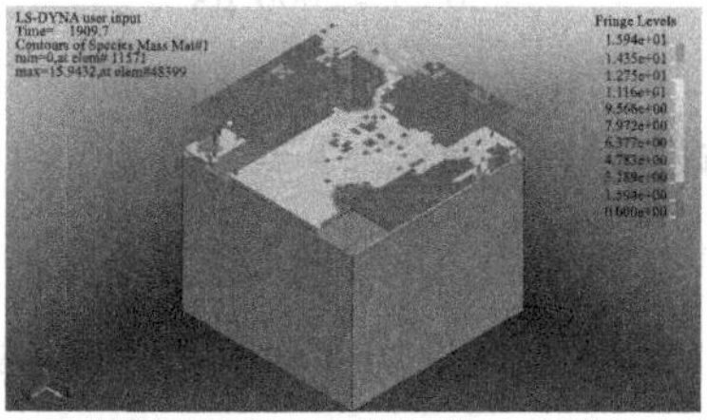

（11）$t=1910\mu s$

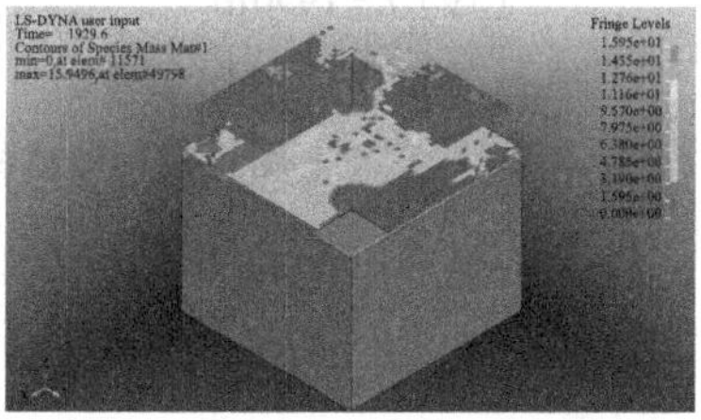

（12）$t=1920\ \mu s$

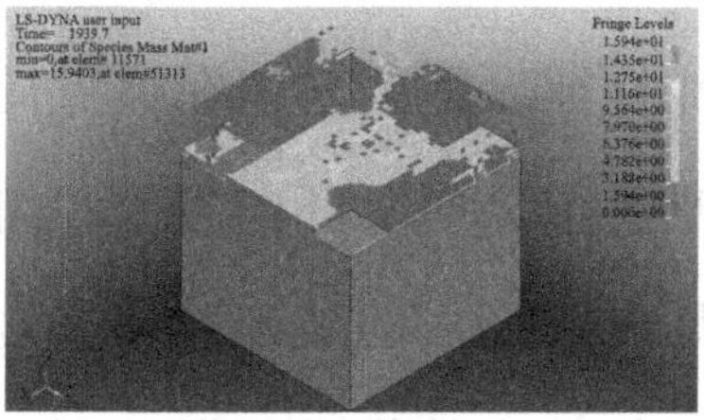

（13）$t=1930\mu s$

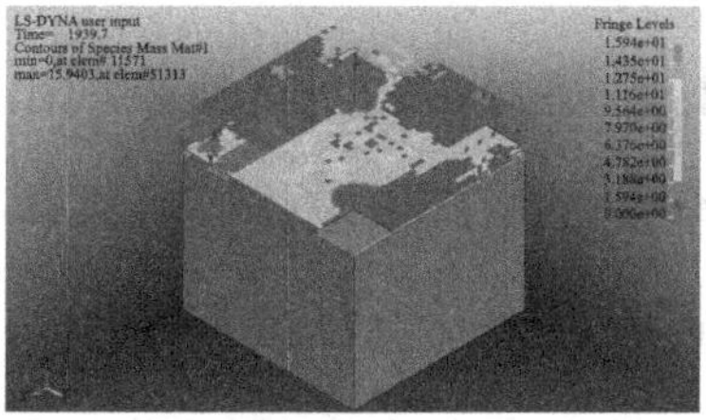

（14）$t=1940\ \mu s$

图 4-78　冰体材料破坏过程（续）

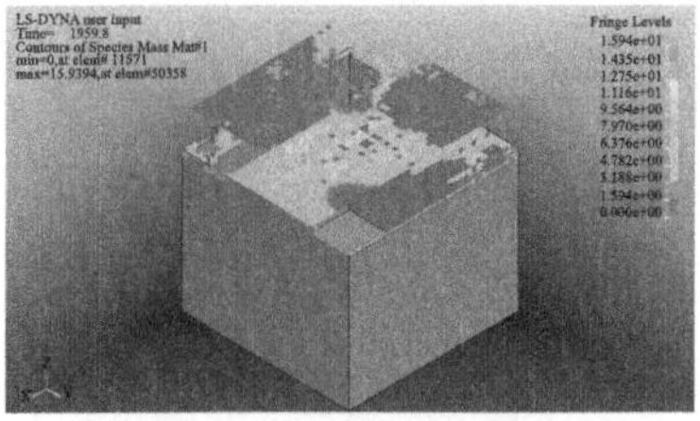

（15）$t=1950\mu s$

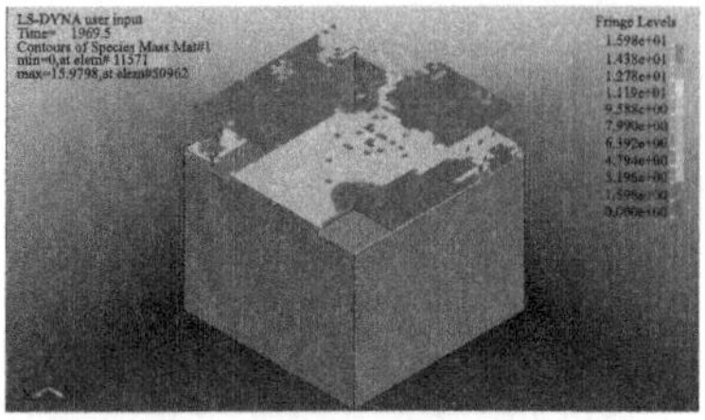

（16）$t=1960\ \mu s$

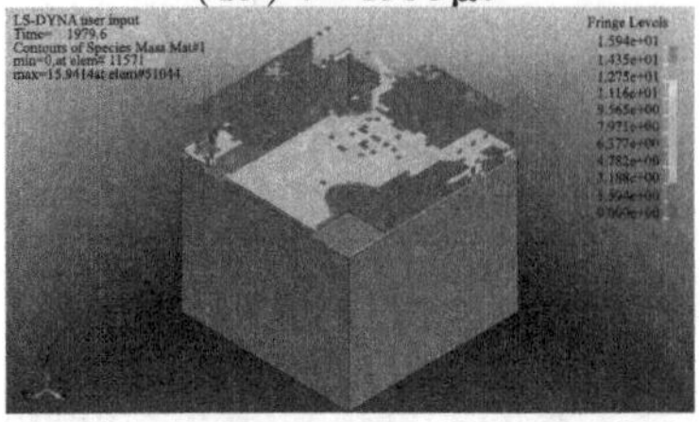

（17）$t=1970\mu s$

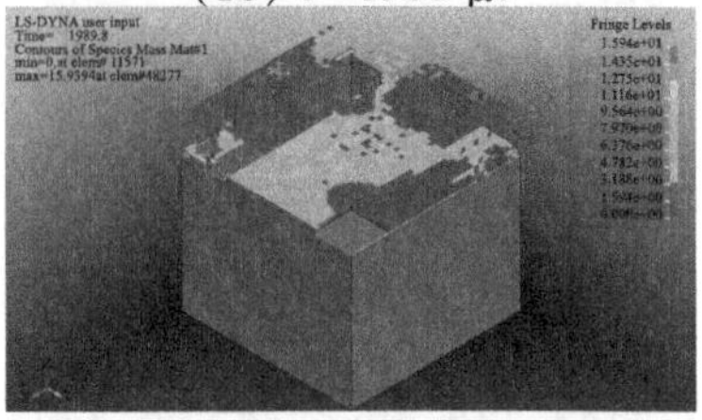

（18）$t=1980\ \mu s$

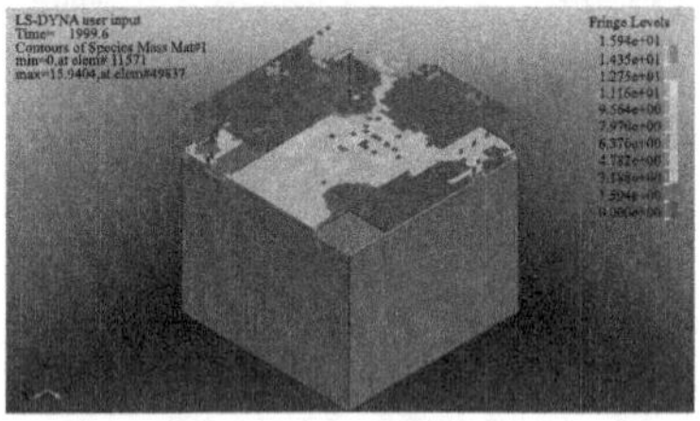

（19）$t=1990\mu s$

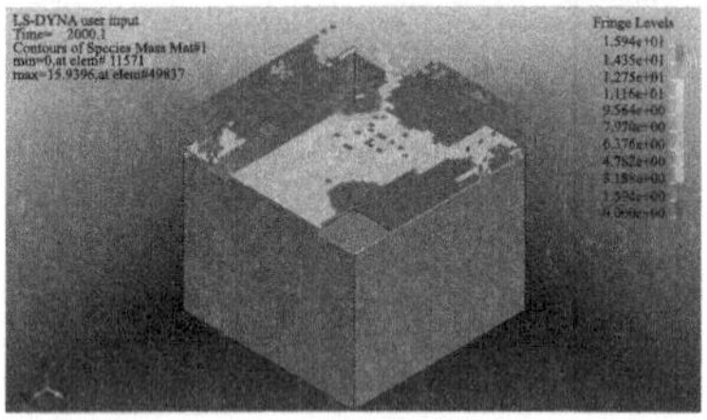

（20）$t=2000\ \mu s$

图 4-78　冰体材料破坏过程（续）

由计算结果可知，冰体迎爆面受压，背爆面受拉，整体表现为折裂破坏。由图 4-78 可知，组合 TNT 爆破荷载加载于冰体材料以后，冰体材料表现出脆性特征，整个冰体在炸点周围完全被炸碎，未被炸碎的冰体也产生了径向及环向裂纹，组合爆破适用于开辟排凌河道，两个炸点所形成的破碎区域连接在一起形成一定宽度的河道，并且以每组为单位进行爆破可以继续拓宽排凌河道，对冰体的破坏进行数值模拟，得到了与实验基本吻合的结果。

（3）实验对比分析。笔者前赴内蒙古进行了组合冰凌爆破实验，现场如图 4-79 所示。

图 4-79　组合冰凌爆破实验现场

实验采用 1kgTNT 炸药作为聚能随进器材组合装药爆炸，在相同冰体、水体、水温条件下进行实验。单发聚能随进器材爆破及组合爆破示意如图 4-80 所示。

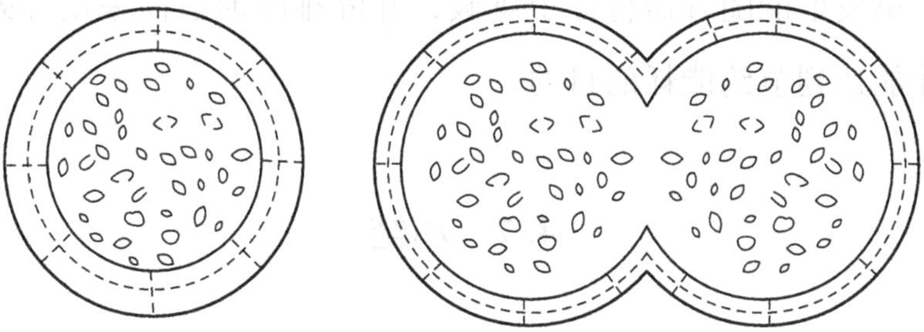

图 4-80　单发聚能随进器材爆破及组合爆破示意

组合聚能随进器材爆破后冰体破碎效果如图 4-81 所示。

图 4-81　组合聚能随进器材爆破后冰体破碎效果

计算与实验表明：1kg 炸药爆炸实验时，爆破后冰体破碎区域直径在 2m 左右，而两发组合聚能随进器材爆破后冰体破碎区域每个直径在 2.3m 左右，这说明两个炸点的炸药同时起爆，冰体整体破碎区域的面积是单发聚能随进器材爆破后冰体破碎区域面积的 2.5 倍多。所以组合聚能随进器材爆破效果要优于单发聚能随进器材逐个爆破，开辟排凌河道需采用阵列布设才能达到节约能耗的目的。

4.7　小结

本章主要开展了冰体爆破力学模型的研究、冰盖及浮冰结构动力特性及动力响应分析、爆炸冲击波作用下冰盖及浮冰结构的毁伤分析、流冰对水中建筑物的影响、不同工况下冰盖爆破的数值模拟、冰凌水下爆破的阵列优化等数值模拟研究。

在力学爆破分析上，改变传统的在冰平面内受力的冰体撕裂破坏分析模型，传统断裂力学理论分析时，在冰面上及冰平面内爆破施力，冰在其平面内受环向、径向力撕裂和压碎（甚至化成水），显然计算的爆破能耗较大，效率低，对堤防及过水建筑物危险性大。

考虑到冰体材料抗拉性差，应借助现代聚能随进爆破技术，在冰下爆炸，使冰在垂直冰平面方向受力，冰体折裂破坏成小尺寸的、较均匀的、对下游建筑物和堤防没有伤害的、可以流动的冰块（不是破碎或化成水），这样的力学模型比较合理，这是因为黄河凌灾爆破的冰体，是脆性的薄板结构，易折裂破碎。合理的力学破坏模型与现代爆破技术的结合，能达到爆破耗能少、成本低、安全、高效的效果。

一系列数值模拟对爆破的器材设计及爆破方案设计提供了科学合理的理论分析办法。通过科学的分析计算，合理优化水下爆破深度，对聚能随进后的延时起爆引信设计提供了依据；通过科学的分析计算，合理采取爆破措施，优化爆破方阵，使得爆破后的冰块在危险的流速下，不至于对提防、提灌建筑物、桥墩等过水建筑物产生损害。

5 破冰器材研发

项目针对河道及近海地区冰情和冰盖、冰塞、冰坝及流凌等特点，结合我国北部地区防凌减灾的实际需求，在对冰盖、冰塞、冰坝、流凌等性能特征进行分析的基础上，研究开发了聚能随进破冰器和火箭聚能破冰器两种破冰器材，并在黄河内蒙古包头段和松花江依兰段进行了两种器材原理探索性试验、原理性试验、初样机破冰性能试验和样机破冰性能试验，取得了较好的破冰效果。

5.1 聚能随进破冰器

5.1.1 器材研发背景

致灾的冰凌按其形态分为冰盖、流凌、冰塞、冰坝。冰盖是黄河封冻期在河面上冻结的具有一定厚度的冰体，冰盖的膨胀作用会对河道水利工程设施和两岸的建筑物造成破坏。目前，克服冰盖膨胀作用的方法通常是在冰盖上沿河流纵向用人工爆破方法开设一定宽度的裂缝，消除膨胀作用。冰塞、冰坝是翌年黄河凌汛期，气温上升冰盖开始融化，上游先解冻的河段会产生大量的冰凌，这些流凌容易阻塞河道，形成冰塞、冰坝，造成泛滥，需要迅速摧毁。传统的方法为：在冰塞、冰坝形成后，调用飞机、大炮为主的应急破冰，辅以其他人工作业措施。但目前由于凌灾的突发性、随机性，这种破冰技术周期相对较长、机动灵活性差、成本高、安全性差。

为解决以上技术问题，研发了一种聚能随进破冰器。该破冰器能迅速设置在冰盖、冰塞、冰坝上利用爆炸能量快速消除冰盖膨胀作用，摧毁冰塞、冰坝的专用爆破器材，将传统人工爆破方法的造孔、布药、水下装药、联线起爆等工序合并为一道工序，该方法具有破冰效果好、劳动强度低、危害范围小、机动快速、携带方便、安全可靠、费用低、后患小的特点，对黄河及其他北方河流的破冰减灾有着非常重要的意义。

5.1.2 器材内容

(1) 概述。聚能随进破冰器，是集存储、运输、发射、破冰功能于一体的两级爆炸破冰结构，一级为聚能穿孔装置，二级为随进破冰装置，一级爆炸破冰结构具有引信起爆后形成高速动能弹丸对冰层进行穿孔的聚能穿孔装置；二级爆炸破冰结构具有在推进装置推力作用下，沿一级聚能穿孔装置穿出的孔道进入冰层下的水中，对冰层进行爆破的随进破冰装置。第一部分聚能穿孔装置通过传爆装置与第二部分随进破冰装置相连，第二部分随进破冰装置尾端嵌入第三部分。该器材的连接筒外中部设置支架。

聚能随进破冰器是集包装运输、贮存、设置使用等一体化的单兵破冰制式爆破器材，如图5-1所示。聚能随进破冰器采用两级爆炸装药结构，第一级聚能穿孔装置爆炸对冰层进行穿孔，第二级随进破冰爆炸装置在推进装置推力作用下沿孔道进入冰层以下一定深度的水中爆炸，对冰层进行破碎。

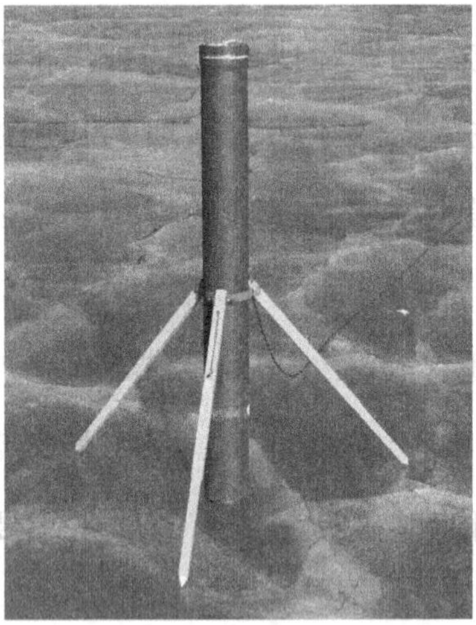

图5-1 聚能随进破冰器样机

（2）结构组成。聚能随进破冰器结构主要由聚能穿孔装置、随进破冰爆炸装置、支架和连接筒等组成。

聚能穿孔装置由聚能装药及引信组成，手动解除引信的第一道保险，随进破冰爆炸装置撞击穿孔装置引信的撞击销，解除引信第二道保险，并起爆聚能穿孔装置，对冰层穿孔。

随进破冰爆炸装置由随进主装药、推进装置及延期起爆体等组成。推进装置推动随进破冰爆炸装置沿连接筒向冰层表面运动，到冰层表面时聚能穿孔装置爆炸对冰层穿孔，同时延期起爆装置开始延时，推进装置继续工作使随进破冰爆炸装置沿冰层的通道中进入水下一定深度后，延时结束，延期起爆体起爆随进破冰爆炸装置的主装药，破碎冰层。

连接筒采用玻璃丝布卷制成型，内装聚能穿孔装置和随进破冰爆炸装置，它既是包装筒，又是两级爆炸装置的定向器，具有防潮功能。支架固定连接在连接筒上，平时处于收拢保险状态，使用时打开支架，调整支腿长度并紧固。

（3）操作流程及工作原理。打开支架，拧开锁紧螺钉，将支架张开至极限位置，调节支腿长度，保证聚能随进破冰器平稳地竖直放置在冰面上，再拧紧锁紧螺钉；抽出保险销，解除第一道保险；将推进装置的点火插头插到遥控起爆器的点火线路上，人员随即撤离至安全距离，进行遥控起爆。推进装置点火具点火，点燃推进剂。推进装置达到一定推力时，剪断破冰爆炸装置的固定销，使其加速向冰面运动。当随进破冰爆炸装置运动至一定位置时，撞击聚能穿孔装置引信的撞击销，聚能穿孔装置引信解除第二道保险，并引爆聚能穿孔装置，对冰层进行穿孔，同时引爆传爆体，延时起爆体开始工作；随进破冰爆炸装置在推进装置推力的继续作用下沿冰层孔道，克服冰水的阻力，运动至冰层以下1.5～1.8m处，此时延时起爆体达到延期时间，引爆随进破冰爆炸装置，使主装药在水下爆炸，达到消除冰层内部应力或炸除冰塞、冰坝，疏通过流河道的目的。

（4）主要性能指标。

1）威力：能够可靠穿透1500mm厚度冰层，在冰层下1.8m的水中爆炸后，破碎冰层直径不小于8000mm。

2）器材正常作用可靠率：不小于95%。

3）爆破冰层时不产生金属破片，且非金属复合材料壳体破片飞散距离不大于50m。

4）器材在生产、运输、贮存、使用等安全且不发生误爆。

5）便于单人携行且操作简便、快捷。

6）破冰器设置时间：不大于120s。

7）环境适应温度：-45～+50℃。

8）有效储存期：不少于10年。

（5）特点。

1）装药量小、破冰威力大。前级装药400g，后级装药4.8kg，破冰面积大，能量利用率高；能可靠穿透1500mm厚度冰层，在冰层下1.8m的水中爆炸后，破碎冰层漏斗坑直径不小于8000mm。

2）安全性和可靠性高。器材具有双套保险装置，确保了储存、运输和设置使用的安全；双套传爆装置也确保了起爆炸的可靠性能。

3）不产生二次杀伤破片。连接筒和支架采用非金属材料制成，爆破冰层时不产生金属破片，且非金属复合材料壳体破片飞散距离不大于50m。

4）器材重量轻，便于携带前行。在满足强度的条件下，器材结构大量采用轻质高强非金属材料，减少器材结构尺寸和重量。根据战术技术要求，经理论计算分析，其结构尺寸为1020mm×Φ100mm，重量为12kg。

5）布设速度快、操作简单快捷。器材直立架设支腿展开简单，两人作业时间不大于2min，也可借助气垫船快速进行多发布设，远距离遥控点火起爆。

6）环境适应性强，器材耐高低温。环境适应温度：-45~+50℃；有效储存期不少于10年。可满足我国绝大部分地区需求。

5.2 火箭聚能破冰器

5.2.1 器材研发背景

在黄河的凌汛期，冰凌洪水是大量的流凌在河流水面比降由陡变缓的河段下泄时阻塞河道，出现卡冰结坝，引起水位上升而造成的。出现冰塞、冰坝，需要在2小时内破冰排凌，否则很快会出现洪水泛滥。

针对上述情况，在总结以往理论和技术经验的基础上，根据爆炸力学和弹药设计学原理，研发了火箭聚能破冰器。该破冰器具有机动快速、高效安全、可靠、省力、廉价、危害小、后患少、携带方便的特点，能够快速、安全、高效地破除冰塞及冰坝，从而实现真正意义上的“变被动减灾为主动预防，变传统模式为现代技术”的目标，对黄河及其他北方河流的破冰排凌有着非常重要的意义。

5.2.2 器材内容

（1）概述。破冰器材主要包括破冰弹、发射器和控制器三部分，如图 5-2 所示。

1）破冰弹为两级爆炸破冰结构：一级为冰层进行穿孔结构；二级为对冰层进行爆破结构。

2）发射器为分装式结构，由高低压发射装置和发射架组成。破冰弹密封在发射器内，破冰弹的尾端紧固连接在发射器的高低压发射装置上。高低压发射装置为储存、运输和发射一体式结构，固定在发射架上。

3）控制器通过导线连接数个发射器，控制器控制数个发射器按时序发射破冰弹，使破冰弹在冰面形成线状炸点。

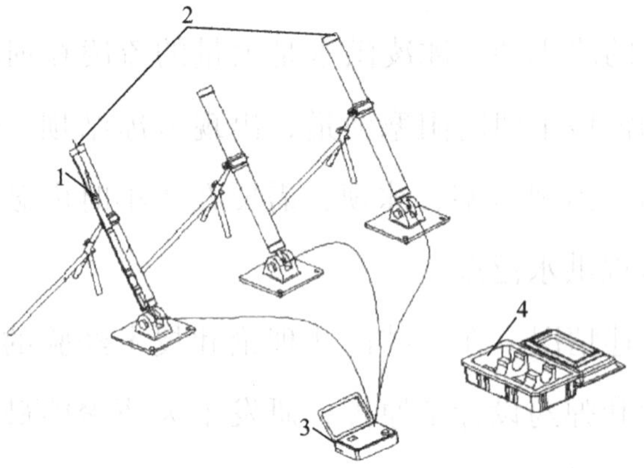

图 5-2　便携式机动发射冰凌爆破器系统组成示意

说明：1—破冰弹；2—发射器；3—控制器；4—包装箱

（2）结构组成。火箭聚能破冰器由发射架和发射筒组成。发射筒属一次性使用，发射架可重复发射；发射筒既是发射管，也是包装筒，由高低压发射系统和破冰体组成；破冰体由聚能穿孔装置、随进破冰爆炸装置、飞行稳定机构等组成；发射架由座板组件与调节支架组件和简易瞄准装置组成。

发射架采用驻锄原理及刚性支撑结构设计，利用底座及支架固定发射筒，实现驻地发射，提高发射稳定性；同时发射架具有方向瞄准、射角调节功能。

高低压发射装置采用电点火发射方式，实现单管发射和多管齐射；高压室内装发射药，点火后，发射药气体进入低压室推动破冰体运动。高低压发射提高了发射药的能量利用率。

破冰体采用两级串联装药结构，前级为聚能穿孔装置，后级为随进破冰爆破装置。破冰体碰击冰层目标，引信起爆聚能穿孔装置，对冰层穿孔，同时通过传爆体传爆，启动延期起爆体开始延时，随进破冰爆炸装置在惯性力作用下沿冰层的通孔中进入水中一定深度后，延期起爆体延时结束，起爆随进破冰爆炸装置主装药，破碎冰层。其结构如图 5-3 所示。

图 5-3 火箭聚能破冰器样机

（3）操作流程及工作原理。打开包装箱，架设发射架，将发射筒尾部与座钣连接，锁紧身管管箍，摇动高低机手柄，将发射架射角调整至设定值，将控制箱的引出线插入发射筒尾部插座中，操作人员通过控制箱设置点火时序并按时序点火发射。在发射惯性力作用下引信解除第一道保险，破冰体离开发射管口后，尾翼在弹簧力作用下展开到位并锁定。在空气阻力作用下引信解除第二道保险，当破冰体头部以较大的落角撞击冰层时，开关帽闭合，通过引信作用，引爆前级聚能穿孔装置，在冰层中穿出直径不小于350mm的透孔。聚能穿孔装置的爆轰波同时引爆传爆体，延期起体开始延时，后级随进破冰爆炸装置继续向下沿孔洞进入冰层，延时结束随进破冰爆炸装置到达冰层下预定位置爆炸。

（4）主要性能指标。

1）威力：最大射程550m，能够可靠穿透1200mm厚度冰层，在冰层下1.5～1.8m的水中爆炸后，破碎冰层直径不小于7000mm。

2）器材正常作用可靠率：不小于95%。

3）爆破冰层时不产生金属破片，且非金属复合材料壳体破片飞散距离不大于50m。

4）有效射程：300～500m。

5）器材在生产、运输、贮存、发射及使用等安全且不发生误爆。

6）便于单人携行且操作简便、快捷。

7）破冰器设置时间：不大于180s。

8）环境适应温度：−45～+50℃。

9）有效储存期：不少于10年。

（5）特点。具有聚能随进破冰器直列破冰具有的安全、可靠、重量轻、装药小、破冰面积大、环境适应性强外，最显著的特点是可在岸上和跨河建筑物上发射，机动性强，不受环境（比如跨河建筑物、岸边建筑设施等）、地形等制约，可弥补飞机、大炮的不足。

5.3 破冰器材应用前景

采用聚能装药穿孔及随进装药技术研制的冰盖（冰塞）、流凌和冰坝爆破专用器材与传统的爆破排凌器材与方法相比，解决了人工爆破排凌的作业时间长、效率低及安全性差和飞机空投航弹或用火炮炮击排凌受气象及地理环境制约、安全隐患大、资源浪费大、危害范围广、准确性差、爆破后遗症多等难题，具有安全可靠、机动快速、操作简便、不受环境制约和便于单兵携行等优点。该专用破冰器材装备部队后可有效提高破冰作业的速度和效率，也将大大提高工程部队非战争军事行动能力和地方防凌分队应急处置能力，并具有显著的军事、经济和社会效益。

每种器材都具有低廉的成本，是现在应用到的器材或研发的一些器材无法比拟的。

5.4 小结

本章介绍了两种破冰器材的研发背景及其各自的组成、特点和操作流程及性能指标，并对这两种破冰器材的优点、应用前景进行了概述。解决了人工爆破排凌的作业时间长、效率低及安全性差和飞机空投航弹或用火炮炮击排凌受气象及地理环境制约、安全隐患大、资源浪费大、危害范围广、准确性差、爆破后遗症多等难题，具有安全可靠、机动快速、操作简便、不受环境制约和便于单兵携行等优点，在桥梁等过水建筑屋附近损害小，适应性好。

6 破冰器材试验研究

黄河冰凌灾害的严重性和特殊性历来受到政府领导层和学术界的高度关注，每当黄河出现冰塞、冰坝等冰凌灾害时就会给国家的经济发展和人民的生活稳定带来威胁。由华北水利水电学院与总参工程兵三所组成的防凌减灾课题组，曾向水利部领导做了专题汇报，也向黄委会领导及专家汇报，各级领导及专家就该项目的研究方案和研究思路给予了高度评价，认为项目拟研发的一系列破冰防凌的技术方案和专用器材具有思路新颖、技术路线可靠、机动性好、效率高、成本低、方案科学等特点，鼓励认真研究。

为了探索防凌减灾的基本原理，获得基础实验数据，华北水利水电大学和工程兵总参三所合作以来，先后在黄河内蒙古包头段和松花江依兰段进行了 4 次两种器材的原理探索性试验、原理性试验、初样机破冰性能试验和样机破冰性能试验，取得了较好的破冰效果。典型的试验有以下两种。

（1）破冰试验小组在内蒙磴口河段、松花江河段，对聚能穿孔、聚能切割、聚能压碎和聚能射流组合阵列等爆破器材可行性及破冰效果进行了现场试验。

（2）由华北水利水电大学防凌减灾研究所孟闻远教授带

队，与工程兵总参三所组成破冰试验小组，再次到达内蒙古包头市蹬口河段勘察冰面情况，对两种破冰器材进行了试验验证。

6.1 聚能随进技术河冰爆破可行性试验研究

6.1.1 试验点的确定

华北水利水电大学防凌减灾研究所与工程兵总参三所组成的破冰试验小组，曾赴内蒙包头市磴口黄河冰封河段开展破冰试验。

破冰试验小组随同领导与专家考查试验场地，分别对黄河冰封河段的包西铁路桥上游（图6-1）、新建公路桥上游（图6-2）及磴口（图6-3）等三个场地进行了考查。考虑到试验场地的代表性和安全性，最终确定磴口为本次试验的试验场地。

图6-1　包西铁路桥

图 6-2 新建公路桥

图 6-3 磴口试验场地

6.1.2 试验目的

本次试验旨在对聚能射流穿孔及爆破器材在爆破破冰体作

业上的可行性进行验证，并对其设计参数进行优化，同时对药包在冰面和水下爆破的效果进行验证，以期可对预设爆破方案的可行性进行评价。

在课题研究中拟对不同的弹径和炸高的聚能射流穿孔器射流、聚能射流成型弹进行试验，分析破冰效果，优化设计参数，评价聚能穿孔器在破冰排凌作业中的可行性。对聚能射流穿孔器的破冰效果进行分析，评价其作业效果。进行爆破器材组合爆破，评价爆破效果。

6.1.3 器材类型

项目组针对河道及近海地区冰情和冰盖、冰塞、冰坝及流凌等特点，结合我国北部地区防凌减灾实际需求，在对冰盖、冰塞、冰坝、流凌等性能特征进行分析的基础上，作了聚能穿孔可行性试验。聚能穿孔按两种原理设计：第一种是聚能射流成孔；第二种为聚能射流成型弹（该弹炸高较高，弹丸可以翻转成型）。

6.1.4 试验成果

（1）冰介质对聚能装药穿孔效果的影响试验。用三所研制的聚能穿孔装置按不同炸高对冰盖进行垂直穿孔试验。测量试验后的冰孔直径和深度，观察孔壁结晶形态及孔口周围破坏情况，其设置分别如图6-4、图6-5所示。

图 6-4 聚能穿孔装置设置示意

聚能穿孔装置在冰盖上穿出一个通孔，孔洞呈漏斗形，开口直径为 500 ~ 550mm，漏斗深约 200 mm，漏斗底部孔口直径为 300 mm，贯穿整个冰层。冰体在聚能装药、射流或爆炸冲击波作用下，孔壁上均是小块的冰体碎片，清除碎片后孔壁冰体上有很多环向和径向的裂缝，孔壁上未见融化重结晶的光滑晶莹面，冰体破裂是沿结晶面断裂。可见冰体上爆炸穿孔属于脆性材料的冲击破碎形式。

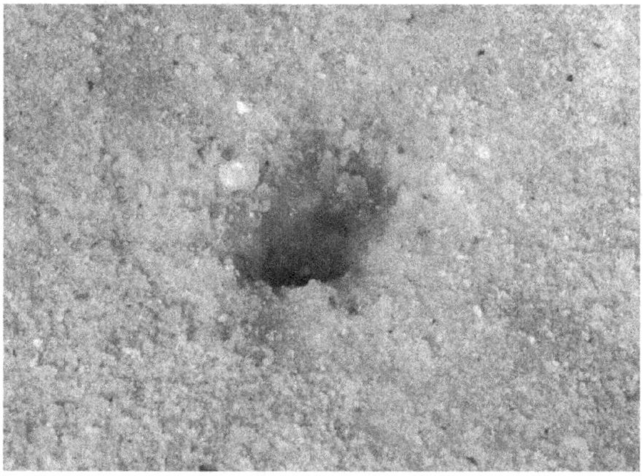

图 6-5 聚能穿孔装置在冰盖上穿孔结果

（2）炸高对穿孔效果的影响试验。试验使用制式的聚能穿孔装置，炸高分别为3倍、5倍、10倍、15倍和18.3倍，考核炸高对聚能穿孔装置开孔效果的影响。其设置如图6-6所示，试验结果见表6-1。

(a) 5倍炸高

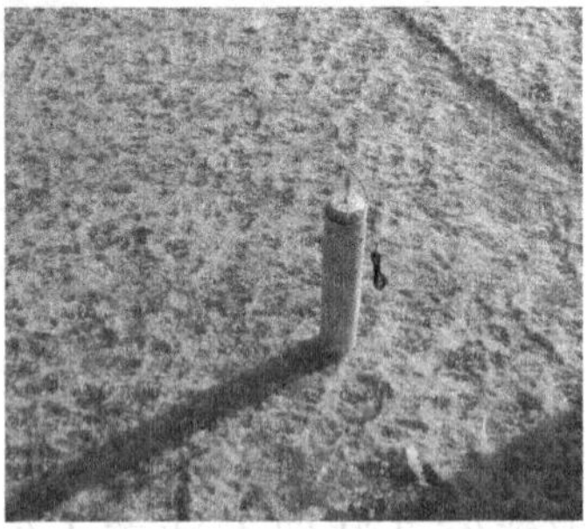

(b) 10倍炸高

(c) 15倍炸高

(d) 18.3倍炸高

图6-6　聚能穿孔设置成不同炸高的试验情景

聚能穿孔装置从3倍到18.3倍炸高，其开孔尺寸一般在500～700mm，在冰体上穿孔直径变化不大。

表 6-1　不同炸高下的穿孔结果

器材	炸高	冰厚/mm 冰孔尺寸/mm	开口尺寸	中部尺寸	备注
前级聚能穿孔器	3 倍	600	500 ~ 550	300	直径
	5 倍	600	500 ~ 550	300	直径
	10 倍	600	600 ~ 700	230	直径
	15 倍	550	600 ~ 650	400	直径
	18.3 倍	550	500 ~ 550	300	直径

（3）模拟聚能随进装药水下破冰原理试验。先使用聚能穿孔装置在冰盖上穿出一个直径不小于 250 mm 的孔洞，然后采用 TNT 集团装药设置在冰面下 1.7 m 处引爆，如图 6-7 所示。破碎冰层直径为 7800 mm，如图 6-8 所示。

图 6-7　TNT 装药与开设的冰孔

图 6-8　TNT 集团装药冰下爆炸情况

（4）器材布置参数试验。先使用聚能穿孔装置在冰盖上穿出一排 3 个直径不小于 250mm 的孔洞，然后在冰面下 1.7m 处分别设置集团装药，间距分别为 8.1m 和 9.8m，如图 6-9 所示。试验爆出一个宽 12.8m、长 28.4 m 的破碎带，如图 6-10 所示。

图 6-9　直列布置的冰孔与 TNT 集团装药

图 6-10 冰下爆破结果

6.1.5 试验结论

对现场试验的量测数据和试验现象进行分析，可以初步得到以下结论。

（1）聚能射流穿孔随进爆破技术可实现器材的预控冰下爆破，使冰体大面积破碎，其技术特点明显。

（2）在聚能射流穿孔时，低强度脆性的冰体结构在高速冲击波的作用下，可开出孔径为弹体 2～3 倍的空洞，空洞周围冰体被高速冲击波冲击致裂。

（3）聚能射流穿孔随进器组合布设可实现大面积的冰体破碎，其冰体破碎机理为爆破冲击波造成的冰体压弯曲折裂破碎。

（4）本次试验所采用的器材在破冰防凌任务中可行性好，

基本实现了预期的目的，个别参数还需做一定的试验予以修正。

（5）各种爆破器材在破冰过程中，冰体材料被炸得非常粉碎，这说明冰体材料的抗拉（抗折裂）强度低，器材破冰效果好，同时均具有价格低廉、性能优越的特点。

（6）聚能射流破冰器材爆破后，弹坑上半部分形成漏斗型，下半部分形成反向漏斗型，中间孔径窄，呈瓶颈型。这种瓶颈型弹坑的形成是由于聚能射流爆破冲击波而引起，这一点与传统爆破现象是一致的。而呈瓶颈型弹坑的下半部分形成反向漏斗，是由爆炸冲切形成的，有时爆炸冲切形成的反向漏斗口径更大，这一点说明传统的断裂力学中所提出的“水不可压缩”基本假定是不恰当的。

（7）对于聚能射流穿孔破冰器材来说，在一定的炸高范围内，器材的炸高越高，聚能射流穿孔器的聚能射流穿孔效果越好。

6.2 破冰器材原理样机内场摸底试验

在破冰器材原理探索性试验的基础上，针对冰凌灾害特点，初步确定采用聚能随进破冰器、火箭聚能破冰器两种破冰器材，并针对两种器材特点和需要解决的关键技术，加工了前级聚能穿孔装置、后级随进破冰体、发射筒、发射架，并进行了内场摸底试验研究。

（1）聚能随进破冰器爆炸试验。将模型样机垂直设置在地面上，通过电雷管引爆前级聚能穿孔装置，考核聚能随进破冰器在现有设计情况下，前级穿孔装置和后级随进装药之间的安全距离是否满足要求，设置如图 6-11 所示。试验结果表明：前级穿孔装置爆炸后，后级随进装置药柱未殉爆，安全距离满足要求，如图 6-12 所示。

图 6-11 爆炸试验设置

图 6-12 爆炸实验结果

（2）聚能随进破冰器推进装置原理试验。试验采用惰性体随进装置，通过引信起爆，主要考核聚能随进破冰器在推进器作用下随进运行情况，如图6-13所示。

图6-13　推进试验原理设置情况

推进器工作正常，当推进器推动爆破装置剪断固定销后，将引信剪切销剪断，引爆穿孔装置，如图6-14所示。穿孔装置爆炸后，推进器继续推动爆破装置运动，最后爆破装置插入地面，试验达到预期目的。

图 6-14 试验结果

（3）聚能随进破冰器水下运行试验。试验采用惰性体随进装置，通过点火，主要考核聚能随进破冰器在推进器作用下水下运行速度情况。试验结果表明：点火后，推进器工作正常，当推进器推动惰性体随进装置剪断固定销后，将引信剪切销剪断，引爆穿孔装置，推进器继续推动惰性体随进装置垂直运动，试验达到预期目的，如图 6-15、图 6-16 所示。

图 6-15　推进器点火瞬

图 6-16　后级随进装置在水下运行

（4）火箭聚能破冰器飞行稳定性试验。试验采用模拟破冰体，重约8.1kg，固定射角发射，目测观察破冰体飞行稳定性，使用高速摄像机测炮口初速，使用GPS测落点射程，试验结果表明：破冰体初速约80 m/s，射程458～493m，空中飞行稳定，满足飞行稳定性要求。结果如图6-17、图6-18所示。

图6-17　试验弹空中飞行姿态

图6-18　试验弹落点姿态

(5) 发射架稳定性试验。试验采用模拟破冰体，重约 8.1kg，固定射角发射，使用高速摄像机测炮口初速和发射架稳定情况。试验结果：发射架稳定性和强度均满足要求，如图 6-19 所示。

图 6-19　火箭聚能破冰器发射架发射后

（6）火箭聚能破冰器引信和随进装置试验。试验采用模拟破冰体，重约 8.2kg，穿孔装置为全装药。考核火箭聚能破冰器穿孔装置作用后，随进装置强度是否满足要求，以及随进装置的随进情况。

试验结果：射程 453 m，飞行正常。引信正常作用，随进装置强度满足要求，随进装置沿开孔正常随进，如图 6-20 所示。

图 6-20　火箭聚能破冰器落点及随进情况

6.3　破冰器材原理样机野外摸底试验

在破冰器材结构原理探索性试验的基础上，设计加工了前级聚能穿孔装置、聚能随进破冰器全装药原理样机和火箭聚能破冰器初样机。聚能随进破冰器样机为全装药，共 9 发。其中，延时起爆装置延时时间为 90ms 的 2 发、150ms 的 4 发，250ms 的 3 发；火箭聚能破冰器样机为全装药，共 6 发。其中，延时起爆装置延时时间分别为 90ms 和 150ms 的破冰器各 3 发。其结构分别如图 6-21 至图6-24 所示。

图 6-21　前级聚能穿孔装置

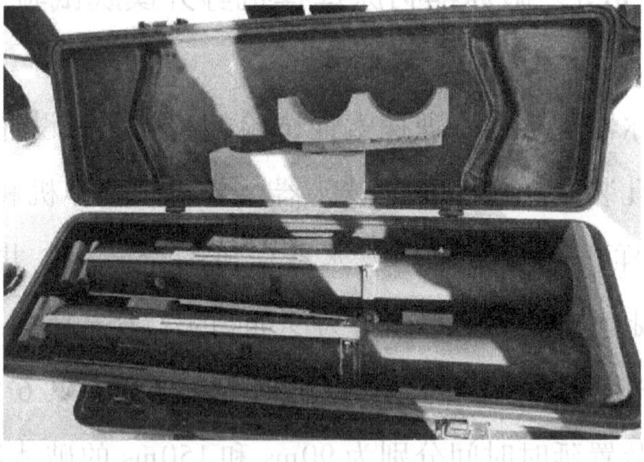

图 6-22　聚能随进破冰器样机

图 6-23　火箭聚能破冰器样机

图 6-24　火箭聚能破冰器样发射筒

6.3.1　前级聚能穿孔装置穿孔威力试验

将破冰器前级聚能穿孔装置分别按 90mm、120mm、180mm 的炸高，垂直设在厚度冰层上进行静态引爆，考核其穿孔威力，如图 6-25 所示。

（a） 90mm 炸高

（b） 120mm 炸高

（c） 180mm 炸高

图 6-25　前级聚能穿孔装置穿孔威力试验设置

试验结果如图 6-26 所示，不同炸高作用下，其开孔尺寸均为 800mm 作用的通孔，相差不大，均可满足后级随进主装药进入冰层下面爆炸。

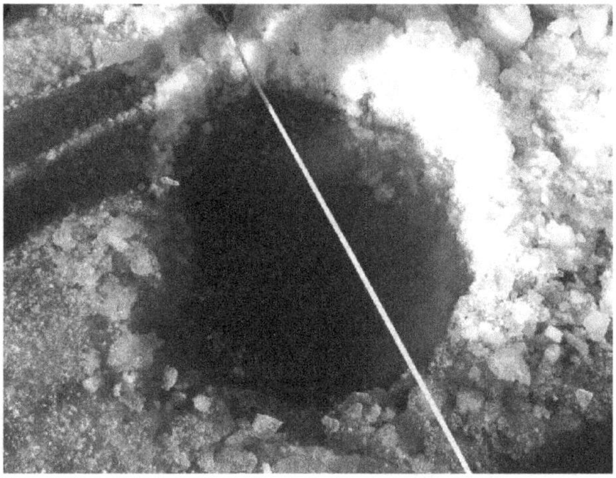

图 6-26　前级聚能穿孔装置穿孔威力试验结果（炸高为 90mm）

6.3.2　聚能随进破冰器原理样机威力试验

将聚能随进破冰器垂直设置在冰层进行破冰威力试验，考核其在冰面上架设、操作的可行性与实用性，和后级随进主装药在推进装置作用下进入冰层的顺畅性，及延时起爆装置延时时间设计的合理性，测试全装药破碎冰层的直径并判读其是否满足战术技术要求。第 1 发至第 6 发为单发静态引爆试验，第 7 发至第 9 发为多发一列布设的破冰试验，间距为 10m，同时起爆。单发聚能随进破冰器和直列聚能随进破冰器在冰面上设置，如图 6-27、图 6-28 所示。

图 6-27　单发聚能随进破冰器样机威力试验

图 6-28　直列聚能随进破冰器样机破冰威力

单发聚能随进破冰器的破冰场景和破冰结果如图 6-29、图 6-30 所示，破碎冰层直径在 7000mm 至 10000 mm 范围内，冰层厚度约为 500mm。

图 6-29　单发聚能随进破冰器原理样机破冰情景

图 6-30　聚能随进破冰器原理样机破冰爆效果

多发聚能随进破冰器同时起爆时，但由于各自间距过大，形成了3个独立的破碎区，如图6-31、图6-32所示。

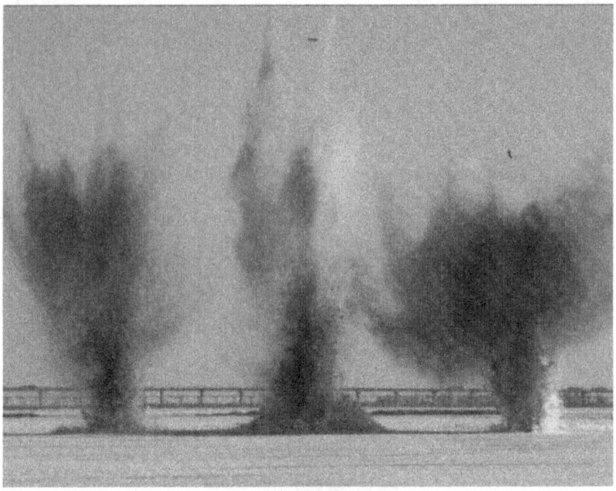

图6-31 直列聚能随进破冰器试验情景

图6-32 直列聚能随进破冰器试验情景

6.3.3 火箭聚能破冰器原理样机威力试验

试验主要考核火箭聚能破冰器架设、操作的实用性及飞行稳定性、飞行距离、弹着点及破冰体前级聚能穿孔装置对冰层的穿透性与通孔最小直径、随进主装药进入冰层的顺畅性及延时装置延时时间设计的合理性，测试全装药破碎冰层的直径，其设置如图 6-33 所示。

图 6-33　发射状态的火箭聚能破冰器原理样机

6 发均能顺利发射并落在预定地域，在冰层上开出来了 5～8m 的破碎区域，如图 6-34 所示。

图 6-34　火箭聚能破冰器原理样机破冰结果（延时 90ms）

6.4 样机摸底试验

试验主要目的检验聚能随进破冰器和火箭聚能破冰器两种破冰器前级聚能穿孔装置的破冰穿孔威力；检验聚能随进破冰器样机前级聚能穿孔装置、后级随进装置、推进装置、延时装置、保险机构、支架及连接筒的性能指标和破冰效果；检验火箭聚能破冰器破冰体（含前级聚能穿孔装药）、发射装置、飞行稳定机构、延时装置等性能指标和破冰效果。

6.4.1 前级聚能穿孔装置穿孔威力试验

将破冰器前级聚能穿孔装置按 90mm 的炸高，垂直设置在密实冰层上，进行静态引爆，考核其穿孔威力，如图 6-35 至图 6-36 所示。

图 6-36 前级聚能穿孔装置穿孔威力试验结果

图 6-35 前级聚能穿孔装置穿孔威力试验

聚能穿孔装置设爆炸后在冰层中均穿出一个通孔，孔洞基本呈圆形漏斗状，贯穿整个冰层。测量冰层厚度 650 ~ 750mm，水深 2.2m，如图 6-36 所示，试验结果见表 6-2。

表 6-2 前级聚能穿孔装置穿孔威力试验结果

炸高/mm	冰厚/mm	冰孔尺寸/mm			备注
		开口尺寸	漏斗深	中部尺寸（直径）	
90	650 ~ 750	900 × 700	410	450	长轴 × 短轴
		1000 × 800	450	480	长轴 × 短轴
		950 × 950	430	380	长轴 × 短轴
		900 × 900	420	430	长轴 × 短轴
		1100 × 1000	480	500	长轴 × 短轴

6.4.2 聚能随进破冰器样机威力试验

将聚能随进破冰器样机的三条支腿打开，垂直架设在冰面上，如图6-37所示，考核其在冰面上架设、操作的可行性与实用性、后级随进主装药在推进装置作用下进入冰层的顺畅性及延时起爆装置延时时间设计的合理性，测试样机破碎冰层的直径并判断其是否满足战术技术要求。聚能随进破冰器样机的延时起爆装置延时时间250ms。

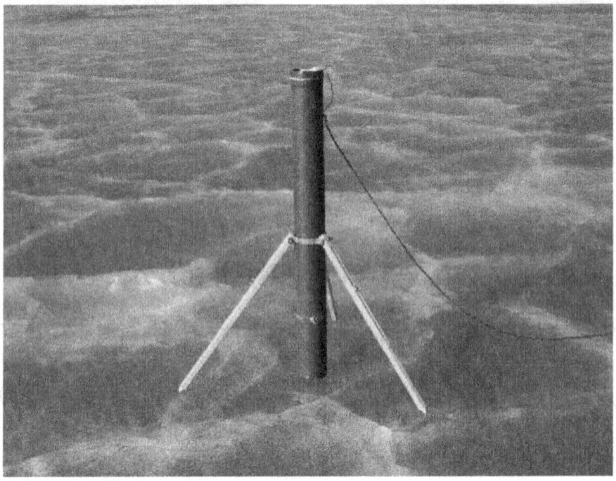

图6-37 聚能随进破冰器样机威力试验

2发聚能随进破冰器样机爆炸后破碎冰层直径分别为10.5m×9.2m（水深2.2m）和9.7m×9.6m（水深1.8m），测量冰层厚度约为700mm，其破冰场景和破冰效果如图6-38、图6-39所示。

图 6-38 聚能随进破冰器样机威力试验破冰场景

图 6-39 聚能随进破冰器样机静爆结果

6.4.3 火箭聚能破冰器样机威力试验

试验主要考核火箭聚能破冰器架设、操作的实用性及飞行稳定性、飞行距离、弹着点及破冰体中前级聚能穿孔装置对冰层的穿透性与通孔最小直径、随进主装药进入冰层的顺畅性及延时装置延时时间设计的合理性，测试样机破碎冰层的直径并判读其是否满足战术技术要求。

火箭聚能破冰器样机共 11 发，其中二级为惰性随进体的样机 3 发，全装药样机 8 发。全装药样机中药延时为 150ms 的 3 发、250ms 的 3 发、350ms 的 2 发，全装药样机结构如图 6-40、图 6-41 所示。

图 6-40　火箭聚能破冰器样机置示意

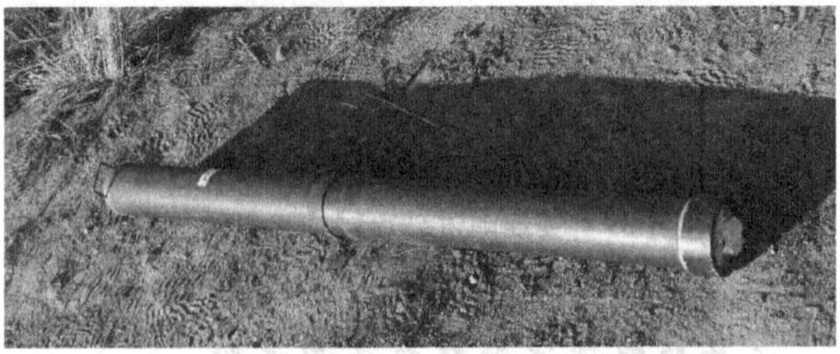

图 6-41　火箭聚能破冰器全装药样机

后级随进体为惰性体的 3 发样机发射后，均落到预定区域，并可靠爆炸，在700mm厚度的冰层中炸出了口径为700mm、通孔直径为500～640mm的孔洞，后级随进惰性体完全进入了水下。穿孔结果见图6-42和表6-3。

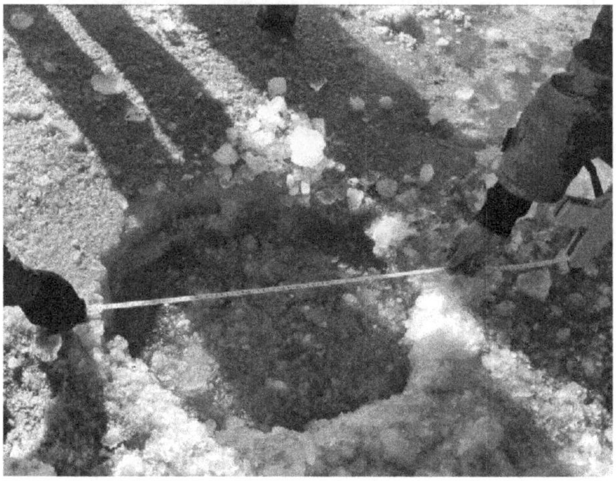

图6-42 火箭聚能破冰器前级聚能装置穿孔结果

表6-3 火箭聚能破冰器样机前级聚能穿孔装置穿孔与随进试验结果

炮次	冰厚/mm	水深/m	冰层开口直径/mm	冰层通孔直径/mm
1	700	1.8	700	640
2	700	1.8	700	500
3	700	1.8	700	500

8发火箭聚能破冰器全装药样机中均顺利发射并落在距离的预定地域进入冰层在水下预定深度爆炸，在700mm厚的冰层中爆炸形成了破碎层，如图6-43所示。

图 6-43　火箭聚能破冰器全装药样机破冰结果

6.4.4　聚能随进破冰器样机直列布设破冰试验

将聚能随进破冰器按照相互间 10m 的间距布设一列，同时进行点火，检验其直列破冰效果，对破冰范围进行测量，如图 6-44 所示。

图 6-44　聚能随进破冰器样机直列布设破冰威力试验

3 发聚能随进破冰器均可靠爆炸，前级可靠爆炸，形成了长度 34.8m、宽度 13.3m 的破碎冰层带。其试验场景和试验效果如图 6-45、图 6-46 所示。

图 6-45　聚能随进破冰器全装药样机直列布设破冰场景

图 6-46　聚能随进破冰器全装药样机直列布设破冰试验结果

6.5 聚能随进破冰器、火箭聚能破冰器的现场演示试验

破冰试验小组随同领导与专家进行了试验场地考查，对聚能随进破冰器、火箭聚能破冰器材的效果进行了试验。成型器材实验之前，为成型器材设计打基础，三所进行了前期内、外场试验。2012 年 3 月 12 日，由华北水利水电学院防凌减灾研究所孟闻远教授带队与工程兵总参三所组成破冰试验小组及相关研究人员再次到达内蒙古包头市蹬口河段勘察冰面情况，对两种破冰器材进行了试验验证。

当天河面有风，中午温度在 0℃ 左右，冰厚在 30cm 到 40cm 范围内，冰面上覆盖一层薄雪，而且在河岸附近有电厂，河道附近有包西黄河铁路桥，我们的爆破试验需要在保护沿岸人们的生命财产安全的前提下实施，所以经仔细勘查评估后，在保证所有设施都在安全距离范围内，划定冰凌爆破的大致位置。截取冰面概况如图6-47 所示。

图 6-47　实验现场冰面概况

6.5.1 试验目的

（1）为破冰器材原理、破冰器材的研制与应用提供试验依据。

（2）初步验证聚能随进破冰器和火箭聚能破冰器的设计参数和破冰效果。

6.5.2 试验器材

该项目针对河道及近海地区冰情和冰盖、冰塞、冰坝及流凌等特点，结合我国北部地区防凌减灾实际需求，在对冰盖、冰塞、冰坝、流凌等性能特征进行分析的基础上，本次试验所选用的爆破器材有聚能随进破冰器和火箭聚能破冰器。

6.5.3 破冰器材演示试验

3月14号，开始实施冰凌爆破试验。试验共进行11组24发破冰器材试验，为了更好地观察效果，本次试验设计分为单发聚能随进破冰器爆破、单发火箭聚能破冰器爆破、组合聚能随进破冰器爆破和组合火箭聚能破冰器爆破几种，这样不但可以看到单次爆破效果，而且可以纵向比较组合阵列的爆破效果。

表 6-4　爆破流程设计

	聚能随进破冰器聚能爆破	火箭聚能破冰器爆破
单发量	3 发	3 发
连发量	3 个 3 连发	3 个 3 连发

在岸边选择一块平整开阔场地，并选定发射区域和射向，快速展开、架设发射架、调整发射角度和水平方位。打开包装箱，取出火箭聚能破冰器样机，去掉发射筒顶盖，打开第一道保险，装填在发射架上。敷设 200m 点火干线，将火箭聚能破冰器起爆线头插入起爆干线上，抽出第二道短路保险拉环，操作人员快速撤离到预定的安全位置，等待起爆命令。接到点火命令，点火发射。单发火箭聚能破冰器设置如图 6-48 所示。

图 6-48　单发火箭聚能破冰器设置

单发火箭聚能破冰器共进行了 3 组试验，每组 1 发，发射架的发射仰角分别为 55°、60°、65°。3 发火箭聚能破冰器均落于预定区域，并可靠爆炸，其弹着点距离发射点距离分别为

505m、438m 和 366m，在冰层中的破碎直径分别为 8.2m × 7.2m、8.2m×7.7m 和 8.0m×7.9m，破冰场景和破冰效果如图 6-49、图 6-50 所示。

图 6-49 单发火箭聚能破冰器破冰场景

图 6-50 单发火箭聚能破冰器破冰效果

（1）多发火箭聚能破冰器样机齐射破冰威力演示试验。将 3 台发射架在岸边预定位置一字排开，同一仰角、同一水平方位，瞄准同一区域的冰面，发射架相互间的水平间距为 8 m。取出 3 发火箭聚能破冰器样机，分别装填在 3 台发射架上，点火起爆。试验共进行 3 组，每组发射仰角分别为 55°、60°、65°，其设置如图6-51所示。

图 6-51　多发火箭聚能破冰器齐射设置

发射仰角为 55°时，其实际射程为 490m、490m 和 483m，在冰层中的破碎直径分别为 8.6m × 7.9m、8.9m × 8.0m 和 7.9m × 7.5m。破冰场景和破冰效果如图 6-52、图 6-53 所示。

图 6-52　发射仰角 55°时火箭聚能破冰器破冰场景

图 6-53 发射仰角 55°时火箭聚能破冰器破冰效果

发射仰角为 60°时，其实际射程为 438m、438m 和 430m，冰层破碎直径分别为 9.6m × 9.2m、7.8 × 7.7m 和 7.7m × 7.7m。破冰场景和破冰效果如图 6-54、图 6-55 所示。

图 6-54 发射仰角 60°时火箭聚能破冰器破冰效果

图 6-55　发射仰角 60°时火箭聚能破冰器破冰效果

发射仰角为 65°时，在冰层中的破碎直径分别为 7.3m × 7.7m、7.5m × 7.5m 和 8.9m × 8.5m。破冰场景和破冰效果如图 6-56、图 6-57 所示。

图 6-56　发射仰角 65°时火箭聚能破冰器破冰场景

图 6-57　发射仰角 65°火箭聚能破冰器破冰效果

（2）聚能随进破冰器威力演示试验。将单发聚能随进破冰器样机按照战技要求和安全操作规定直立设置在冰面上，快速敷设 200 m 距离的起爆干线，将聚能随进破冰器的起爆线头插入起爆干线上，抽出第一道短路保险拉环，再抽出破冰器上的第二道拉杆保险，快速撤离至预定的安全距离进行点火。待完全爆炸后，对破冰直径和效果进行测量和参观。单发试验共 3 组，每组 1 发；多发试验共 2 组，每组 2 发，其设置如图 6-58 所示。

单发聚能随进破冰器其破冰直径分别为 9.0m × 8.7m、9.7m × 9.8m。破冰场景和破冰效果如图 6-59 至图 6-62 所示。

图 6-58　单发聚能随进破冰器设置

图 6-59　单发聚能随进破冰器破冰场景

图 6-60　单发聚能随进破冰器破冰效果

图 6-61 聚能随进破冰器连发爆破实况

图 6-62 工作人员测量实况

6.5.4 试验结果分析

聚能随进破冰器和火箭聚能破冰器除了在设计上的原理不同以外，二者对于所装炮弹的设计也不同，聚能随进破冰器装药量控制在 4.8 公斤左右，火箭聚能破冰器装药量控制在 3.7 公斤左右，试验后现场测量其试验效果。

由表 6-5 数据可知，聚能随进破冰器的爆破直径平均在

8.7m 左右，火箭聚能破冰器的爆破直径在 7.9m 左右，很明显聚能随进破冰器的爆破效果更好，究其原因，应该是聚能随进破冰器的爆破设计能更好地释放出二级炸药的能量，所以在灾害条件允许的情况下，建议选择聚能随进破冰器。

表 6-5 聚能随进破冰器和火箭聚能破冰器爆破直径对比表

试验组数	聚能随进破冰器聚能爆破直径/m	火箭聚能破冰器爆破直径/m
1 组	8.7×9.0	7.2×8.2
2 组	7.2×7.6	7.7×8.2
3 组	9.7×9.8	7.9×8.0
平均	8.5×8.8	7.7×8.1

依据试验测得的数据建立分析表 6-6、表 6-7 和图 6-63 可知，在冰厚 30～40cm 的前提下，炮弹的最大高度并非与爆破直径成正比，在达到某个临界爆破高度之前，爆炸直径与炮弹高度成正比，在达到某个高度之后二者之间呈现一定的反比关系，而炮弹的高度是由火箭聚能破冰器的架设角度来决定的。所以，在灾害发生时，为了达到最优的爆破效果，要调节好火箭聚能破冰器的架设角度，使炮弹飞行最大高度控制在 430～450m。

表 6-6 火箭聚能破冰器单发炮弹飞行高度与爆破直径关系

试验组数	火箭聚能破冰器单发直径（m）	炮弹最高高度（m）
1 组	7.2×8.2	505
2 组	7.7×8.2	438
3 组	7.3×8.0	366

表 6-7　火箭聚能破冰器连发炮弹飞行高度与爆破平均直径关系

试验组数	火箭聚能破冰器 3 连发直径/m	平均直径/m	炮弹最高高度/m
1 组	7.9×8.6 8.9×8.0 7.5×7.9	8.0×8.2	490
2 组	9.6×9.2 7.8×7.7 7.7×7.7	8.4×8.2	438
3 组	7.3×7.7 7.5×7.5 8.9×8.5	7.9×7.7	384

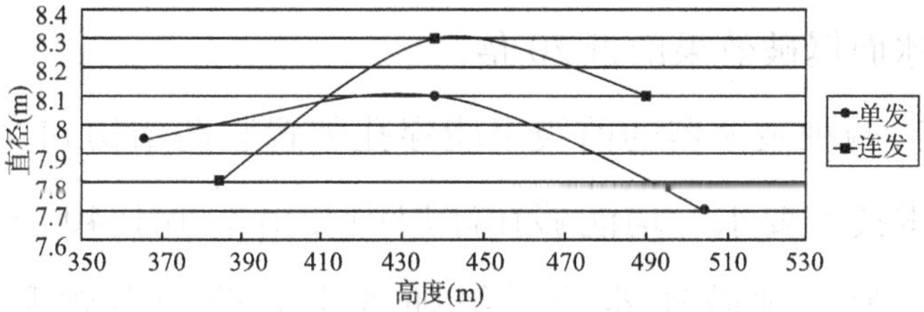

图 6-63　火箭聚能破冰器爆破炮弹飞行高度与爆破直径的关系

聚能随进破冰器和火箭聚能破冰器爆破后的炸坑与原来的河冰之间均有非常明显的圆形边界，聚能随进破冰器爆破后的冰体碎块相对更小，这是依据了冲击波系从水下鼓开冰盖的爆破原理，更为科学合理。炸后的冰体呈现块状，其破坏特征均表现出脆性。

6.5.5　试验结论

（1）用聚能装药在冰层上开设孔径在 250mm 以上的冰洞，完全可以保证后级主装药从该冰洞顺利穿过，侵入水下一定距离爆炸。

（2）聚能装药炸高对开孔影响不大，因此对聚能随进破冰器引信的点火时间及其点火时间差都要求不高，有利于引信的设计和加工。

（3）主装药在 5 ~ 8kg 的 TNT 集团装药在水下一定深度爆炸可炸出直径不小于 7 m 的破碎冰洞。多个按 7 m 间距呈阵列布置的 TNT 集团装药可一次性开设一定宽度和长度的破碎带。

（4）采用聚能装药穿孔装置作为聚能随进破冰器前级穿孔装药，后级随进装药在推进剂作用下，进入冰层下实时起爆原理，可达到最佳破冰效果，同等装药量情况下，冰层水下爆破效果是冰面爆破效果的近 20 倍。

（5）两种破冰器的前级聚能穿孔装置装药结构和穿孔威力满足战术技术要求，均能够在冰层中开出不小于 400 mm 直径的通孔，为两种破冰器的后级随进主装药创造顺利进入的条件。

（6）聚能随进破冰器和火箭聚能破冰器两种破冰器的破冰威力分别满足了其破冰直径不小于 8.0 m 和 7.0 m 的战术技术指标要求。

（7）火箭聚能破冰器的发射架设计新颖、结构合理，重量轻，发射稳定，俯仰角与水平角可调。火箭聚能破冰器破冰体飞行稳定，弹着点偏差小。

（8）两种破冰器壳体及支架材料在爆炸后，其飞散距离小于 50 m，对 50 m 以外的人员等不产生杀伤作用，满足战技要求。

6.6　小结

本章重点介绍了课题组所进行的几次爆破试验，包括聚能随进技术河冰爆破可行性试验、破冰器材原理样机内场摸底试验、破冰器材原理样机野外摸底试验、样机摸底试验和两种破冰器材的现场演示试验，在试验当中不断改进破冰器材，最终两种破冰器材各项性能均达标，达到了预期的爆破效果。器材成本低、器材成本低、能量利用率高、安全性高、易操作、便携带。相同爆炸成本下，是常规爆破效果的16~20倍。单发成本低廉，可实现民防，或军民联防的机动灵活组织形式。在预测预报的前提下，可主动防御凌灾于萌芽状态。

7 聚能随进破冰技术凌灾防御工作规程

遵循上级制定的防凌减灾新原则、新思路，在管理机构统一指挥，采取多项措施综合防御的总框架下，统一部署，协同作战，贯彻“变被动防御为主动减灾，变传统防技术御为现代技术防御”的新思路，实行“快、准、狠”的技战术形式，一旦出现冰塞、冰坝，立即采取应急处理措施，利用“机动便携、安全高效、操作简易”的先进技术器材实施爆破，实现“快、准、大、省；高效、机动、简便”的技术目标，形成一套科学、完备的破冰排凌规程和爆破方案，达到防御凌灾的目的。

7.1 组织指挥

（1）在原有国家、流域机构、地方及有关部门的领导下，统一指挥，统一协调。做到至上而下，令行禁止，至下而上，下情上达。

（2）人员、物资，快速机动，时间第一，保障到位。

（3）专家智慧，科学统筹各项措施，合理安排。

7.2 前线主要参战人员

除指挥人员外，可以是以军、警为主，也可以是军、警、民联合，或单纯民防组织。

7.3 聚能随进破冰器材生产、运输、保管及培训

7.3.1 器材生产

本产品有关技术指标要求较高。虽然整体器材技术加工难度一般，但主管部门应委托部队生产单位或有相应资质的生产厂家进行生产加工，保证器材达到技术要求。

7.3.2 器材运输及保管

本产品属民用控制性爆破器材，具有较大爆破杀伤性及破坏性，应按照国家有关规定运输与保管，保证产品运送及存放安全。

7.3.3 器材操作培训

为了确保破冰排凌工作的高效、安全、科学、规范，对器材使用人员及有关指挥人员，应事先在每年的11—12月举行为期一周的“破冰器材使用培训”，培训内容主要包括安全知识、操作规程、指挥指令体系及纪律要求。

7.4 两种破冰器材使用说明及操作规程

7.4.1 静态聚能随进破冰器

7.4.1.1 主要用途

(1) 当上游已解冻，下游未解冻，为避免冰塞、冰坝形成，疏通排凌通道，加大加快河道运移能力，在下游可以人工放置器材的冰盖上爆破。

(2) 在封冻的江、河、海、水库封冻的冰盖上爆破，解除冰胀压力，减小对堤防、工作平台、桥墩、提灌站、闸门等挡水、引水、过水建筑物的破坏。

(3) 在封冻的江、河、海、水库冰盖上实施爆破，达到捕鱼与通航等。

(4) 其他用途，开挖冻土及一般土状况下的深坑、沟渠等。

7.4.1.2 主要性能特点

(1) 聚能随进后深处爆破，装药量小、能量利用率高，对环境损伤破坏小。

(2) 外壳为非金属复合材料，杀伤破坏性小。

(3) 可单兵操作，轻便、易携、易操作，实施爆破快。

(5) 双保险设计，安全性高。

（6）器材材料及部件造价低廉，爆破成本低。

7.4.1.3 投送方式

人员可在冰面行走时，人工搬移。不能行走时，通常用气垫船或其他可用运输工具运移操作人员及器材到指定位置。

7.4.1.4 操作规程

（1）打开支架，拧开锁紧螺钉，将支架张开至极限位置，调节支腿长度，保证聚能随进破冰器平稳地竖直放置在冰面上，再拧紧锁紧螺钉。

（2）抽出保险销，解除第一道保险。

（3）将推进装置的点火插头插到遥控起爆器的点火线路上，人员随即撤离至安全距离，进行遥控起爆。

7.4.1.5 爆破原理

按下起爆器，推进装置点火具点火，点燃推进剂。推进装置达到一定推力时，剪断破冰爆炸装置的固定销，使其加速向冰面运动。当随进破冰爆炸装置运动至一定位置时，撞击聚能穿孔装置引信的撞击销，聚能穿孔装置引信解除第二道保险，并引爆聚能穿孔装置，对冰层进行穿孔，同时引爆传爆体，延时起爆体开始工作；随进破冰爆炸装置在推进装置推力的继续作用下沿冰层孔道，克服冰水的阻力，可设计运动至冰层以下某处，此时延时起爆体达到延期时间，引爆随进破冰爆炸装置，使主装药在水下爆炸，达到消除冰层内部应力或疏通过流河道的目的。

7.4.1.6　阵列布置示范

不同装药量，单发爆破及阵列布置爆破效果都不一样。阵列布置时，行、列间距及阵型的优化布局，可通过计算或实验结论来指导。具体方案视情况而定，此处略。

如图 7-1 所示，用一组阵列式布置的破冰器的主装药同时爆炸，单列即可爆破出一条宽度 7～9m 的破裂带，多列矩阵布置可开辟出大范围的破裂区域。具体布置方案，可以根据不同的装药，经过实验测算爆破效果，然后优化布阵方案；也可根据计算机模拟，形成不同装药对应布阵方案的数据库，应用时一查便可。

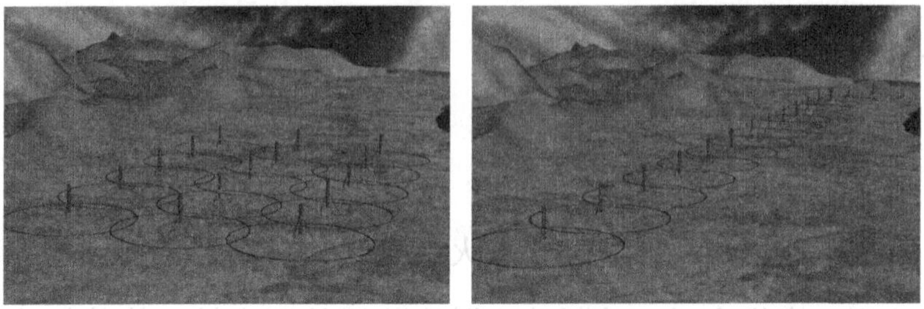

图 7-1　聚能随进破冰器破冰的布列形式示意

布置聚能随进破冰器的单列组合如图 7-2 所示。

图7－2　聚能随进破冰器的单列组合

7.4.2　动态（火箭）聚能随进破冰器

7.4.2.1　主要用途

（1）实施预爆破、快速抢险爆破。在预测、预警的基础上，对有迹象形成冰塞、冰坝，或一旦形成冰塞、冰坝的地方，迅速采用火箭聚能破冰器，快速、机动灵活、高效地爆破，以快速、准确、大爆炸量的战术方式，摧毁凌灾于萌芽状态。

（2）在江、河下游未解冻，上游正解冻的河面上，对漂移的大块冰块远距离爆破，解除大块冰块，防止形成冰塞、冰坝的隐患。

（3）在正解冻的河面上，对漂移的大块冰块远距离爆破，解除大块冰块，减小对堤防、工作平台、桥墩、提灌站、闸门等挡水、引水、过水建筑物的动力冲撞破坏。

（4）在不宜人员接近的和仍封冻的江、河、海、水库冰盖上远距离爆破，达到排凌、捕鱼与通航等目的。

（5）其他不宜现场布爆的、适宜聚能随进的远距离爆破，比如对河道内影响过流的土岭局部爆破、地震形成的堰塞坝局部爆破。

7.4.2.2 主要性能特点

（1）动态聚能随进破冰器适宜人员不易达到的区域爆破，射程在500m内均可。

（2）装药量小、能量利用率高，对环境损伤破坏小。

（3）外壳为非金属复合材料，杀伤破坏性小。

（4）可单兵操作，轻便、易携、易操作，实施爆破快。

（5）双保险设计，安全性高。

（6）器材材料及部件造价低廉，爆破成本低。

7.4.2.3 投送方式

在岸边发射，或用气垫船运移器材及人员到指定位置。

7.4.2.4 操作规程

（1）打开包装箱，架设发射架，将发射筒尾部与座钣连接，锁紧身管管箍。

（2）摇动高低机手柄，将发射架射角调整至设定值，将控制箱的引出线插入发射筒尾部插座中。

（3）操作人员通过控制箱设置点火时序并按时序点火发射。

7.4.2.5 爆破原理

按下起爆器，推进装置点火具点火，点燃推进剂。在发射惯性力作用下引信解除第一道保险，破冰体离开发射管口后，尾翼在弹簧力作用下展开到位并锁定。在空气阻力作用下引信解除第二道保险，当破冰体头部以较大的落角撞击冰层时，开关帽闭合，通过引信作用，引爆前级聚能穿孔装置，在冰层中穿出直径不小于350mm的透孔。聚能穿孔装置的爆轰波同时引爆传爆体，延期起体开始延时，后级随进破冰爆炸装置继续向下沿孔洞进入冰层，延时结束随进破冰爆炸装置到达冰层下预定位置爆炸。达到炸除冰塞、冰坝，疏通过流河道的目的。

7.4.2.6 发射示范

冰凌灾害防御过程中，近目标可以在岸边爆破。远距离目标，可以借助气垫船或其他可用运输工具，气垫船上铺设钢板，形成放射底座。在安全范围内靠近目标，然后采用火箭聚能随进破冰器进行单发或阵列爆破。可实现“快、准、大、省；高效、机动、简便”的技术目标。

图 7-3　火箭聚能破冰器多发齐射示意

7.5　小结

本章从组织领导、参战人员及破冰器材生产、运输、保管、培训及两种破冰器材的爆破原理、操作规程、布阵方案，以期实现“快、准、大、省；高效、机动、简便”的技术目标。

参考文献

[1] 华北水利水电学院，总参工程兵科研三所. 黄河冰凌灾害防治新技术研究. 2010.

[2] 华北水利水电学院，总参工程兵科研三所. 防凌减灾爆破试验分析报告. 2010.

[3] 刘东常，孟闻远，张多新，等。爆炸冲击波作用下冰盖结构的动力响应分析，华北水利水电学院学报（待发表）.

[4] 张多新，孙杰，马文亮，李永忠，谢巍. 浮冰动力特性研究，水利学报（已投）

[5] 叶序双. 爆炸作用理论基础 [M]. 南京：工程兵工程学院，2001.

[6] Vijay Gupta, Jörgen S. Bergström. A progressive damage model for failure by shear faulting in polycrystalline ice under biaxial compression [J]. International Journal of Plasticity, 2002: 507 – 530.

[7] G. W. Timco, W. F. Weeks. A review of the engineering properties of sea ice [J]. Cold Regions Science and Technology, 2010: 107 – 129.

[8] C. ZHAN, N. K. SINHA, E. EVGIN. A THREE DI-

MENSIONAL ANISOTROPIC CONSTITUTIVE MODEL FOR DUCTILE BEHAVIOUR OF COLUMNAR GRAINED SEA ICE [J]. Acta mater, 1996, 44 (5): 1839 - 1847.

[9] Faye Hicks. An overview of river ice problems: CRIPE07 guest editorial [J]. Cold Regions Science and Technology, 2009: 175 - 185.

[10] Yuntong She et al.. Athabasca River ice jam formation and release events in 2006 and 2007 [J]. Cold Regions Science and Technology, 2009: 249 - 261.

[11] Erland M. Schulson. Brittle failure of ice [J]. Engineering Fracture Mechanics, 2001: 1839 - 1887.

[12] Yuntong She et al.. Constitutive model for internal resistance of moving ice accumulations and Eulerian implementation for river ice jam formation [J]. Cold Regions Science and Technology, 2009: 286 - 294.

[13] WANG Gang et al.. DRUCKER - PRAGER YIELD CRITERIA IN VISCOELASTIC - PLASTIC CONSTITUTIVE MODEL FOR THE STUDY OF SEA ICE DYNAMICS [J]. Journal of Hydrodynamics, 2006, 18 (6): 714 - 722.

[14] Maria Rădoane, Valerian Ciaglic, Nicolae Rădoane. Hydropower imPact on the ice jam formation on the upper Bistrita River, Romania [J]. Cold Regions Science and Technology, 2010: 193 - 204.

[15] L. W. Morland, R. Staroszczyk. Ice viscosity enhance-

ment in simple shear and uni – axial compression due to crystal rotation [J]. International Journal of Engineering Science, 2009: 1297 – 1304.

[16] Spyros Beltaos. Progress in the study and management of river ice jams [J]. Cold Regions Science and Technology, 2008: 2 – 19.

[17] John P. Dempsey. Research trends in ice mechanics [J]. International Journal of Solids and Structures, 2000: 131 – 153.

[18] Jérôme Weiss, Erland M. Schulson, Harry L. Stern. Sea ice rheology from in – situ, satellite and laboratory observations: Fracture and friction [J]. Earth and Planetary Science Letters, 2007: 1 – 8.

[19] Hung Tao Shen, Junshan Su, Lianwu Liu. SPH Simulation of River Ice Dynamics [J]. Journal of Computational Physics, 2000: 752 – 770.

[20] Yuanming La et al.. Strength distributions of warm frozen clay and its stochastic damage constitutive model [J]. Cold Regions Science and Technology, 2008: 200 – 215.

[21] Olivier Lietaer, Thierry Fichefet, Vincent Legat. The effects of resolving the Canadian Arctic Archipelago in a finite element sea ice model [J]. Ocean Modelling, 2008: 140 – 152.

[22] Elizabeth C. Hunke. Viscous – Plastic Sea Ice Dynamics with the EVP Model: Linearization Issues [J]. Journal of Com-

putational Physics, 2001: 18 -38.

[23] David M. Cole. The microstructure of ice and its influence on mechanical properties [J]. Engineering Fracture Mechanics, 2001: 1797 - 1822.

[24] 孟闻远，卓家寿，籍东. 无单元技术在压力管道屈曲失稳分析中的应用 [J]. 水利学报，2006，36 (7): 880 -885

[25] 孟闻远，卓家寿. 无单元法位移模式及断裂问题分析 [J]. 岩土工程学报，2005，27 (7): 828 ~831

[26] 张多新，王清云，白新理. 流固耦合系统位移 - 压力有限元格式在渡槽动力分析中的应用 [J]. 土木工程学报，2010 (1)

[27] 张多新，王清云，刘东常. 基于 FSI 系统的 (u_ i, p) 格式大型渡槽动力分析 [J]. 长江科学院院报，2009 (2)

[28] 张多新，李玉河，宋万增. 大型矩形水工渡槽动力分析 [J]. 灌溉排水学报，2009 (2)

[29] 孟闻远，万虹，梅占馨. 有初始几何缺陷的旋转壳非线性数值分析 [J]. 西安建筑科技大学学报，1996，28 (4): 355 -359

[30] 孟闻远，李秀芹. 大挠度缺陷旋转壳数值分析 [J]. 应用基础与工程科学学报，1995，3 (3): 273 -282

[31] R. 克拉夫，J. 彭津. 结构动力学，第二版（修订版）[M]，王光远，等译. 北京：高等教育出版社，2006 -

[32] 吴持恭. 水利学（上下册） [M]. 3 版北京：高等

教育出版社，2003

［33］王勖成，邵敏．有限单元法基本原理和数值方法［M］．2版北京：清华大学出版社，1996

［34］Ted B.，Wing K. L.，Brian M. 连续体和结构的非线性有限元［M］．庄茁，译．北京：清华大学出版社，2002.